GESCHICHTE DER ERDE

Günther Binding, Bauen im Mittelalter, ISBN 978-3-89678-826-9
Sabine Buttinger, Alltag im mittelalterlichen Kloster, ISBN 978-3-89678-827-6
Daniel Furrer, Geschichte des stillen Örtchens, ISBN 978-3-89678-828-3
Joachim Heinzle, Die Nibelungen, ISBN 978-3-89678-824-5
Jens Jähnig / Holger Sonnabend, Die Sieben Weltwunder, ISBN 978-3-89678-815-3
Peter Rothe, Geschichte der Erde, ISBN 978-3-89678-825-2

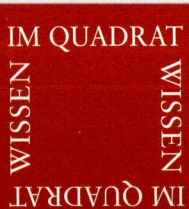

Half Dome im Yosemite Nationalpark, Kalifornien. Die fehlende Hälfte des Gesteinskörpers aus Granit, der erst während des Erdmittelalters entstand, ist vermutlich abgestürzt, als dort Gletscher durchflossen.

Peter Rothe

GESCHICHTE DER ERDE

primus verlag

Die Deutsche Nationalbibliothek verzeichnet diese Publikation
in der Deutschen Nationalbibliografie; detaillierte bibliografische
Daten sind im Internet über http://dnb.d-nb.de abrufbar.

Das Werk ist in allen seinen Teilen urheberrechtlich geschützt.
Jede Verwertung ist ohne Zustimmung des Verlags unzulässig.
Das gilt insbesondere für Vervielfältigungen, Übersetzungen,
Mikroverfilmungen und die Einspeicherung in und Verarbeitung
durch elektronische Systeme.

© 2010 by Primus Verlag, Darmstadt
Überarbeiteter und mit neuen Abbildungen versehener Auszug
aus dem im Primus Verlag erschienenen Band *Die Erde*
Gedruckt auf säurefreiem und alterungsbeständigem Papier
Einbandgestaltung: Jutta Schneider, Frankfurt
Einbandabbildung: Ammonit (Mesozoikum),
gefunden in Madagaskar
Foto: picture-alliance/OKAPIA KG, Germany
Layout: Anja Harms, Oberursel
Gestaltung und Satz: schreiberVIS, Seeheim
Printed in Germany

www.primusverlag.de

ISBN: 978-3-89678-825-2

INHALT

VORWORT	6
GEOLOGISCHE SCHICHTEN	7
Das Übereinander und die Zeit	8
Paläogeographie	14
URZEIT/FRÜHZEIT DER ERDE	21
Präkambrium – Die Erde entsteht	22
ERDALTERTUM	27
Kambrium – Explosion des Lebens	28
Ordovizium – Leben nur im Meer	30
Silur – Die Eroberung des Festlandes	33
Devon – Schiefergebirge und Korallenmeere	36
Karbon – Das Steinkohlenzeitalter	40
Perm – Salz in rauen Mengen	45
ERDMITTELALTER	51
Trias – Eine Dreiheit aus deutschen Landen	52
Jura – Dorado für Fossiliensammler	60
Kreide – Zeit der weißen Felsen	67
ERDNEUZEIT	71
Tertiär – Unser erster Vorfahr erscheint	72
Quartär – Das bisher jüngste Eiszeitalter	80
ANHANG	93
Literatur in Auswahl	93
Glossar	94
Bildnachweis	96

VORWORT

Die Geschichte unseres Planeten, die wesentlich in Form von Gesteinen überliefert ist, umfasst rund 4,6 Milliarden Jahre. In diesem unvorstellbar langen Zeitraum hat sich ein brodelnder Ozean aus Gesteinsschmelzen allmählich zu einer festen Erdkruste gewandelt und aus noch immer nicht recht entschlüsselten Anfängen sind primitive Formen von Leben entstanden, die sich im Laufe von Hunderten Millionen Jahren zu immer komplexeren Organismen entwickelt haben – bis hin zu unserer eigenen Spezies, die im Zeitrahmen der Erdgeschichte erst in allerjüngster Zeit auf den Plan getreten ist.

Im Zusammenhang damit sind Fragen nach der Herkunft des Wassers auf der Erde zu stellen und solche nach der Entwicklung der Atmosphäre, deren heutiger Sauerstoffgehalt keineswegs von Anfang an gegeben war. Das berührt wiederum unmittelbar das Klima: Die Detektivarbeit der Geologen hat gezeigt, dass sich in der langen Geschichte der Erde kalte und heiße Bedingungen vielfach abgewechselt haben, dass es mehrmals Eiszeiten gegeben hat und Heißzeiten, in denen die Pole sogar völlig eisfrei gewesen sind. Wechselnde Meeresspiegelstände haben entweder die niedrig gelegenen Bereiche der Kontinente überflutet oder aber Flachwassergebiete trocken fallen lassen, was dann auch Wanderungen von Landtieren ermöglichte, deren fossilen Ahnen man heute in den gleichaltrigen Schichten voneinander getrennter Kontinente begegnet. Auch die Gesteine sind Abbild der sich ständig ändernden Bedingungen: Vor allem aus den Sedimenten lassen sich Meerwasserbildungen von solchen des Süßwassers und des Festlandes unterscheiden und so die früheren geographischen Verhältnisse rekonstruieren. Prinzipiell ist aber davon auszugehen, dass sich alle Gesteine, auch Granite, Gneise und Basalte, zu allen Zeiten der Erdgeschichte gebildet haben, und selbst die Entstehung von Gebirgen folgt einem Geschehen, das zumindest seit vielen hundert Millionen Jahren in gleicher Weise abgelaufen ist.

Dieses Büchlein versucht die Geschichte der Erde so aufzubereiten, dass sie auch für Nicht-Geologen verständlich wird. Die Kapitelstruktur folgt dabei den Erdzeitaltern von alt nach jung, und zu besonderen Themen (z. B. Gebirgsbildung, Eiszeiten und Heißzeiten) gibt es abgeschlossene Exkurse.

Der Band verdankt sein Erscheinen in der neuen Reihe „Wissen im Quadrat" der Initiative der Lektorin Regine Gamm, der ich für die auch sonst immer inspirierende und angenehme Zusammenarbeit hier einmal herzlich danken möchte. Joachim Schreiber hat mit seinem Team dazu beigetragen, dass diese kleine Erdgeschichte auch von der grafischen Gestaltung her eine interessierte Leserschaft finden dürfte. Glückauf!

1 | Überkippte Schichtfolge aus Kalksteinen und Mergeln von Jura und Kreide am Harznordrand bei Harlingerode

GEOLOGISCHE SCHICHTEN

Das Übereinander und die Zeit

In vielen Landschaften und in Steinbrüchen kann man beobachten, dass die Gesteine in Form von Schichten übereinandergestapelt sind. Die Schichtung kommt meist durch einen Materialwechsel zustande: Sandsteine oder Kalksteine wechseln sich mit Tonsteinen ab oder graue Gesteine lagern über roten. Um diesen Wechsel richtig zu beschreiben, braucht man zunächst zwei Begriffe, die aus dem Wortschatz der Bergleute kommen. Als diese früher noch mit der Spitzhacke erzführende Schichten abgebaut haben, nannten sie die Gesteinsschichten unter dem Erz (auf denen das Erz lag) das „Liegende" und die über dem Erz das „Hangende"; die über ihnen hängenden Gesteine, von denen der Begriff kommt, waren ja auch bedrohlich. Wenn man annimmt, dass die Schichten noch so übereinanderliegen, wie sie einmal abgelagert wurden, dann ist das Liegende also immer älter als das Hangende. In Gebirgen kann durch die Faltung und andere tektonische Vorgänge die ursprüngliche Schichtenfolge aber auch gestört sein und dort liegen dann unter Umständen ältere Schichten über jüngeren. Um das herauszukriegen, braucht man also Hinweise auf das Alter der Schichten und solche Hinweise geben uns vor allem die Fossilien, die man gelegentlich darin findet. Manche Fossilgruppen hat es nur im Erdaltertum gegeben, andere nur im Erdmittelalter und wieder andere haben sich erst in der Erdneuzeit entwickelt.

Die Zuordnung von Fossilien zu den Schichten hat vor allem im 19. Jahrhundert zu einem geologischen Zeitsystem geführt, mit dem sich die Forscher mittlerweile weltweit verständigen und das noch heute immer weiter verfeinert wird. Dabei sind Begriffe entstanden, die man erst einmal lernen muss, und sie sind, weil sie nacheinander und von verschiedenen Forschern an verschiedenen Orten der Erde definiert wurden, leider nicht so logisch wie eine Folge von Zahlen oder Buchstaben (die man aber zusätzlich verwendet hat, um die Gliederung später noch zu verfeinern). Manche Zeitabschnitte sind nach typischen oder vorherrschenden Gesteinen benannt wie z. B. die Kreide nach einem besonders weichen Kalkstein oder das Karbon, das man auch das Steinkohlenzeitalter nennt (nach lat. *carbo* = Kohle), obwohl längst nicht alle Schichten des Karbons aus

| 4700 | 4600 | 4500 | 4400 | 4300 | 4200 | 4100 | 4000 | 3900 | 3800 | 3700 | 3600 | 3500 | 3400 | 3300 | 3200 | 3100 | 3000 | 2900 | 2800 | 2700 | 2600 | 2500 |

Präkambrium — 545 Ma — Kambrium — 495 Ma — Ordovizium — 443 Ma — Silur — 417,5 Ma — Devon — 358 Ma — Karbon — 296

Erdaltertum (Paläozoikum)

Steinkohlen bestehen. In der Tabelle stehen aber auch kompliziertere Begriffe: Das Kambrium heißt nach der römischen Provinz Cambria, die etwa dem heutigen Wales entspricht, Ordovizium und Silur sind nach keltischen Volksstämmen benannt, die in dieser Gegend gelebt hatten, und das Devon nach der englischen Grafschaft Devonshire. Damit sind schon fast alle Systeme erwähnt, die man zum Erdaltertum zusammenfasst; es fehlt nur das jüngste, das Perm, und das heißt so nach einem alten Königreich am Uralgebirge. Damit wird sofort deutlich, dass die meisten Systeme in bestimmten Landschaften definiert wurden, entweder weil sie von dort erstmals beschrieben wurden oder weil sie dort besonders typisch ausgebildet sind. Das Erdmittelalter beginnt mit der Trias. Trias bedeutet Dreiheit und meint eine Folge von Einheiten, die bei uns Buntsandstein, Muschelkalk und Keuper heißen; diese Namen sind wieder wesentlich durch Gesteine gekennzeichnet: Der Buntsandstein ist meistens rot gefärbt, kann aber auch weißliche oder gelbliche Lagen enthalten, und nicht alles ist Sandstein, sondern es gibt auch viel Tonstein darin und manchmal sogar Kalk. Beim Muschelkalk kommt der Name zwar von den Fossilien, aber nicht alle Fossilien im Muschelkalk sind Muscheln, sondern es gibt darin auch besondere Ammoniten (Ceratiten), Brachiopoden, Seelilien und eine ganze Reihe anderer Tiere, sogar Fische. Und bei den Gesteinen gibt es außer Kalk auch Ton und Sandstein und sogar Salz. Keuper meint oft sehr bunte, vielfach rote und grüne Gesteine, vor allem Tone, es gibt darin aber auch eine Vielzahl von Sandsteinen, außerdem Salz und Gips.

Auf die Trias folgt der Jura; wenn die Schichten beider Systeme direkt übereinanderliegen, sagt man, dass der Jura das Hangende der Trias bildet. Der Jura ist nach dem Juragebirge benannt, das vom Schweizer Jura bis zur Fränkischen Alb reicht. Ähnlich wie die Trias kann man den Jura nach seinen Gesteinen im Wesentlichen in drei Teilsysteme gliedern, die nach ihren Gesteinsfarben Schwarzer, Brauner und Weißer Jura heißen; dabei überwiegen im Schwarzen Jura Tonsteine, im Braunen Jura Sandsteine und im Weißen Jura Kalksteine. Die Kreide, im Hangenden des Juras, heißt zwar so nach den leicht zerreibbaren Kalksteinen (mit denen man an die Tafel schreiben kann), es gibt aber auch in diesem System vie-

2 | Darstellung der wichtigsten erdgeschichtlichen Zeitabschnitte (Ma = Millionen Jahre)

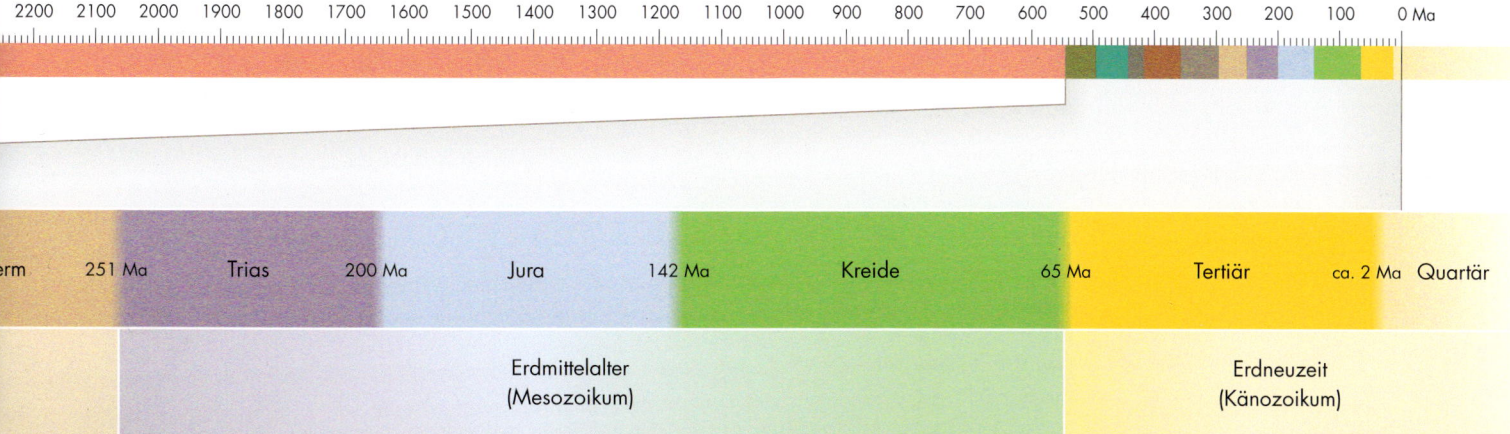

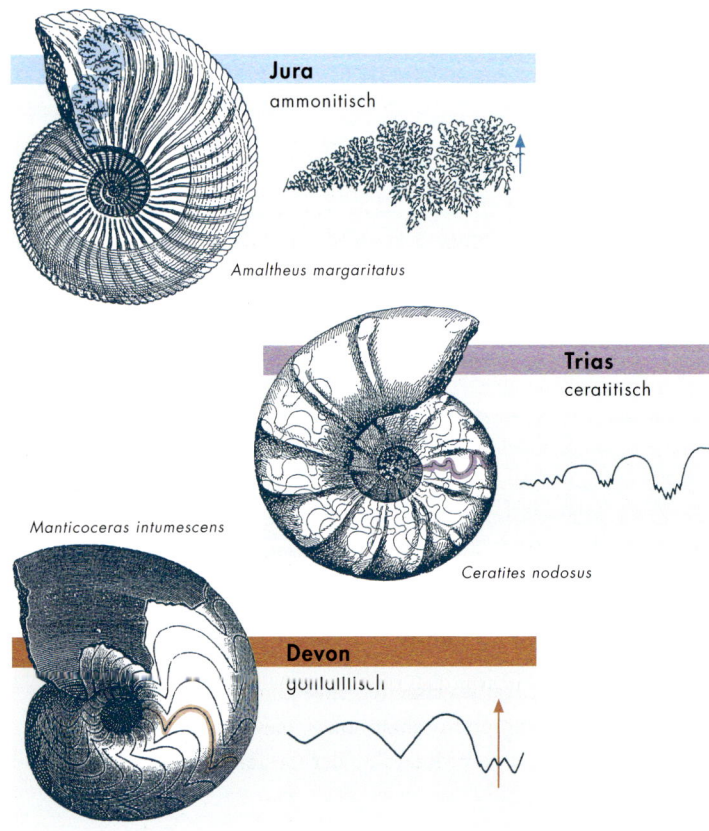

3 | Klassische Leitfossilien sind z. B. Kopffüßer. Schematisch zeigt die Abbildung Veränderungen der sog. Lobenlinien im Verlauf der Evolution, die Kammerscheidewände werden immer komplizierter verfaltet.

le andere Gesteine, vor allem Sandsteine. Mit der Kreide endet das Erdmittelalter.

Die Erdneuzeit umfasst nur die beiden Systeme Tertiär und Quartär, und mit dem Quartär sind wir auch schon in der Gegenwart angekommen. Die Ablagerungen des Quartärs sind, von Ausnahmen abgesehen, meistens noch unverfestigt, wie wir an Flussschottern oder den eiszeitlichen Moränen erkennen können.

Was noch zu erwähnen bleibt, ist das Präkambrium; das hätte ich eigentlich schon vor dem Kambrium nennen sollen, denn „prä-" bedeutet ja „vor". Das Präkambrium hat mit Abstand am längsten von allen erdgeschichtlichen Systemen gedauert; es reicht eigentlich bis in die Sternzeit der Erde zurück. Alle vorher erwähnten Schichtnamen bezeichnen Systeme mit einem bestimmten geologischen Alter, das sich aus den darin gefundenen Fossilien ergibt, und das gilt weltweit. Schichten des Devons enthalten z. B. die gleichen Trilobiten in England, in Amerika, bei uns im Rheinischen Schiefergebirge oder in Marokko. Man nennt solche Fossilien „Leitfossilien" (s. Abb. 3), weil sie die Forscher auf das Alter der Gesteine hinweisen. Dazu müssen sie geeignet sein, sich während ihrer Lebenszeit möglichst über weite Entfernungen hinweg schnell zu verbreiten – und das geschieht vor allem dann, wenn ihr Lebensraum das Meer ist, wo sich z. B. Larven über alle Ozeane hinweg ausbreiten können; dazu genügt es, dass sie passiv von den Meeresströmungen transportiert werden. Leitfossilien sollten noch eine zweite Bedingung erfüllen, nämlich in möglichst kurzer Zeit ihre Baupläne im Sinne der Evolution zu verändern. An den geänderten Bauplänen kann man dann gut verfolgen, wie die Schichten vom Älteren zum Jüngeren hin immer wieder andere, „modernere" Fossilformen enthalten, sodass man schließlich nicht nur Devon, sondern dann auch Unter-, Mittel- und Oberdevon unterscheiden kann; die Gliederung geht heute aber noch viel weiter ins Detail.

Millionen Jahre – das wesentliche Zeitmaß der Erdgeschichte

Außer Bezeichnungen wie Kambrium, Ordovizium, Silur usw. gibt es heute auch Zahlenangaben zum Alter geologischer Schichten und Gesteine; da ist dann immer gleich von Millionen Jahren die Rede. Wie man dazu gekommen ist, das ist eine lange und komplizierte Geschichte. In der Geschichtswissenschaft hat man schriftliche Dokumente, man weiß (meistens jedenfalls), welcher bedeutende Mensch wann und wie lange gelebt hat, wann welche Kriege stattgefunden haben und dergleichen mehr Ereignisse. Solche Zahlen mussten wir in der Schule auswendig lernen. Ältere Quellen und Dokumente sind schon schwerer zu entziffern, weil sich auch die Sprachen und die Schriftarten verändert haben; manche davon sind in Stein gehauen worden. Wo man keine schriftlichen Zeugnisse mehr hat, liefern uns Werkstücke etwa aus der Steinzeit oder der Bronzezeit Anhaltspunkte. Da ist es ganz ähnlich wie mit den Fossilien: Die feiner gearbeiteten Stücke sind oft jünger, sie zeigen auch eine „Evolution" in der Fertigkeit der Menschen, höher entwickelte Formen zu schaffen. Aber all das zusammen hat sich innerhalb von nur ein paar tausend Jahren abgespielt. Wenn man die steinzeitlichen Höhlenmalereien hinzunimmt, kommt man schließlich auf einige zehntausend Jahre. In der Geologie dagegen haben wir es gelegentlich mit Hunderten von Millionen Jahren zu tun und wenn wir an das Alter der Erde denken, sogar mit über 4 Milliarden. Wir müssen also der Frage nachgehen, wie man zu solchen Angaben kommt.

Die Alterszahlen der Geologie ergeben sich aus den sog. physikalischen Bestimmungsmethoden. Hier zeigt sich, dass die Geologie methodisch viele Anleihen bei ihren Nachbarwissenschaften machen muss. Die fossilen Pflanzen sind ohne die Botanik der heutigen Pflanzen nicht zu verstehen und die fossilen Tiere nicht ohne die Zoologie. Aus der Physik kennen wir Elemente bzw. Teile von Elementen, die nicht stabil sind, sondern im Laufe von meist langer Zeit in andere Bestandteile zerfallen. Das hat man zuerst am Uran erkannt, das unter Abgabe von radioaktiver Strahlung z. B. zu Blei und dem Edelgas Helium zerfällt. Bei diesen Zerfallsprozessen entstehen andere Elemente und deren Menge ist von der Zeit abhängig. Das macht man sich für die Altersbestimmung zunutze, indem man die Menge des ursprünglichen Elements im Verhältnis zur Menge seines Zerfallsprodukts bestimmt und das ergibt dann eine Zeitspanne, die seit der Entstehung des ursprünglichen Elements vergangen ist. Die Physiker haben so herausgefunden, dass das radioaktive Element Uran in einer Zeit von über einer Milliarde Jahren zur Hälfte in Blei zerfällt, unabhängig davon, was sonst auf der Erde passiert. So etwas sind physikalische Konstanten, in diesem Falle nennt man das die „Halbwertszeit". Halbwertszeiten sind je nach Element unterschiedlich lang und deshalb muss man nach geeigneten Elementen in den Mineralen der Gesteine suchen, um sehr alte oder ältere oder jüngere Gesteine zu datieren. Bei den Zerfallsprozessen entstehen auch Edelgase wie Helium oder Argon, deren Menge dann ebenfalls von der vergangenen Zeit abhängig ist. Aber Gase sind leicht beweglich und können deshalb aus den Mineralen entweichen, in denen sie wie in Käfigen gefangen sind. Wenn Minerale verwittern oder erwärmt werden (z. B. weil sie bei einer Gebirgsbildung tief in die Erdkruste versenkt werden), dann findet man darin viel weniger Edelgas, als ihrem Alter entsprechend vorhanden sein müsste; dadurch wird „die Uhr zurückgestellt" und das mit solchen Methoden datierte Gestein erscheint viel jünger, als es eigentlich ist.

4 | Tertiärzeitlicher Basaltgang in Steinsalzablagerungen des Zechsteins, die durch tonige Zwischenlagen gebändert sind. Besucherbergwerk Merkers am Nordrand der Rhön

wie das die Darstellung auf S. 8–9 zeigt. Dabei sind nicht alle Zeiten so genau datiert worden wie beispielsweise die Grenze zwischen Erdmittelalter und Erdneuzeit, d. h. die zwischen Kreide und Tertiär. Der Hauptgrund dafür ist wahrscheinlich die Tatsache, dass damals die Dinosaurier ausgestorben sind, vor 65 Millionen Jahren, und das wollte man ziemlich genau wissen.

Erdgeschichtliche Zeitabschnitte

Wer Gebirge, Steinbrüche oder andere Plätze auf der Erde mit einigen Vorkenntnissen besucht oder sonst Orte kennt, wo Gesteine gut zu sehen sind, dem wird, wenn er viel davon gesehen hat, bald deutlich werden, dass es fast alle Arten von Gesteinen mehr oder weniger überall gibt. Deren Alter aber erschließt sich nicht auf den ersten Blick. Man muss wie gesagt in den Sedimentgesteinen nach Fossilien suchen oder einfach den Spezialisten vertrauen, die physikalisch das Alter von Graniten oder Basalten ermittelt haben. Viel davon ist in geologische Karten übertragen worden, an denen man sich orientieren kann. Manchmal kann man aber schon aus dem Übereinander von Schichten erkennen, was älter ist und was jünger. Wenn keine Gebirgsbildung stattgefunden hat, sind die obersten Schichten immer auch die jüngsten, während durch eine Gebirgsbildung diese logische Ordnung so gestört sein kann, dass ältere über jüngere Gesteine gestapelt sind. Gelegentlich kann man auch sehen, dass ein Gang aus vulkanischem Gestein oder ein ganzer Vulkanschlot (s. Abb. 4) eine Schichtenfolge durchbrochen hat, weil ein Riss darin ihm den Weg vorgegeben hatte: Diese Vulkanite sind dann natürlich immer jünger als die von ihnen durchbrochenen Schichten. Manchmal überlagern auch horizontale Schichten solche, die durch eine Gebirgsbildung zuvor schräggestellt wurden.

Man muss also vieles bedenken, wenn man Gesteinsalter als Ergebnis solcher Analysen richtig einschätzen will. In den vergangenen hundert Jahren hat man diese Techniken ständig verfeinert, sodass die Forscher das heute gut im Griff haben. Und damit können wir die erdgeschichtlichen Systeme nun auch mit entsprechenden Alterszahlen einigermaßen genau voneinander abgrenzen,

Alles das kann zu Aussagen über die geologische Entwicklung beitragen und daraus lässt sich eine relative zeitliche Abfolge von Ereignissen ableiten. Grundsätzlich gilt, dass zu allen Zeiten innerhalb der Erdgeschichte auch alle Arten von Gesteinen entstehen konnten; eine Ausnahme bilden nur die im frühen Präkambrium entstandenen Eisenerze, die aus Eisenerz und Kieselsäure im Wechsel aufgebaute Gesteine sind, was zu einer schönen rot-weißen Farbbänderung (s. Abb. 5) geführt hat. In dieser frühen Epoche ist auch noch kaum Salz entstanden.

Diese besonderen Eisenerze sind wichtige Rohstoffe, die in Kanada, Brasilien, Australien und anderswo abgebaut werden, wo große Mengen präkambrischer Gesteine vorkommen. Ihre Entstehung ist mit den besonderen Bedingungen auf der frühen Erde zu erklären, als das Ozeanwasser möglicherweise noch eine andere chemische Zusammensetzung hatte als später. Sonst aber können wir feststellen, dass Granite, Basalte, Sand-, Kalk- und Tonsteine und selbst die Metamorphite immer schon gebildet wurden und noch immer entstehen.

Ein Granit kann, wenn er als Schmelze in andere Gesteine eindringt, diese durch die Hitze verändern, und daran kann man erkennen, dass er jünger sein muss als sein Nebengestein; das ist auch ein Argument gegen die schon von Goethe geäußerte Auffassung, dass Granit das älteste aller Gesteine, das Urgestein, sei.

So haben wir neben Fossilien und den raffinierten physikalischen Methoden eine ganze Reihe von Möglichkeiten, mit denen wir den Gang der Erdgeschichte verfolgen können. Das Grundgerüst dafür liefern uns freilich die Fossilien, denn die Geschichte der Erde ist immer auch gleichzeitig eine Geschichte des Lebens, die sich an ihnen verfolgen lässt. Diese Geschichte ist nicht immer kontinuierlich verlaufen, sondern hat neben ruhigen Zeiten in ihrer Entwicklung offensichtlich auch kurzfristige Katastrophen erlebt, die mit einem Massenaussterben von Organismen verbunden waren. Wir können das vor allem an der Entwicklung der Tierwelt beobachten und daraus wenigstens fünf solcher Massenaussterben allein aus den letzten 600 Millionen Jahren ableiten; tatsächlich waren es noch mehr, sodass wir jedenfalls nicht von einem stetigen Ablauf sprechen können. Diese Ereignisse markieren auch bedeutende Zeitgrenzen innerhalb der Erdgeschichte.

5 | Itabirit. Gebändertes Kieseleisenerz, die roten Lagen bestehen aus Eisenmineralen, die weißen im Wesentlichen aus Quarz.

Paläogeographie

Mit der Vorsilbe „Paläo-" haben wir es zu tun, wenn es um die Paläontologie geht, also die fossil gewordenen Lebewesen. Paläogeographie ist die Lehre von den Verhältnissen, die die Verteilung von Land und Meer in der erdgeschichtlichen Vergangenheit wieder lebendig werden lässt. Fossilien und Gesteine geben uns Hinweise darauf, dass sich diese auf unserem Planeten ständig verändert hatten, genauso wie das Klima langfristig immer wieder einem Wechsel unterlag. Den Schlüssel für die Veränderungen gibt uns heute die moderne Wissenschaft von der Plattentektonik. Wir können damit beweisen, dass die heutigen Ozeane geologisch ziemlich jung sind, dass die Kontinente noch immer auf Wanderschaft sind (was sie in ganz unterschiedliche Klimazonen befördern kann) und dass die Landmassen früher anders verteilt und gelegentlich sogar zu Riesenkontinenten zusammengewachsen waren, die später wieder auseinandergebrochen sind und den dabei neu entstehenden Ozeanen Platz gemacht haben.

6 | Plattentektonik ist die treibende Kraft, die seit Urzeiten Kontinente schafft, Ozeane verschluckt und neue entstehen lässt. Bis der Vorrat an Wärme, die die Erde in ihrem Kern gespeichert hat, aufgebraucht ist, wird sich daran nichts ändern.

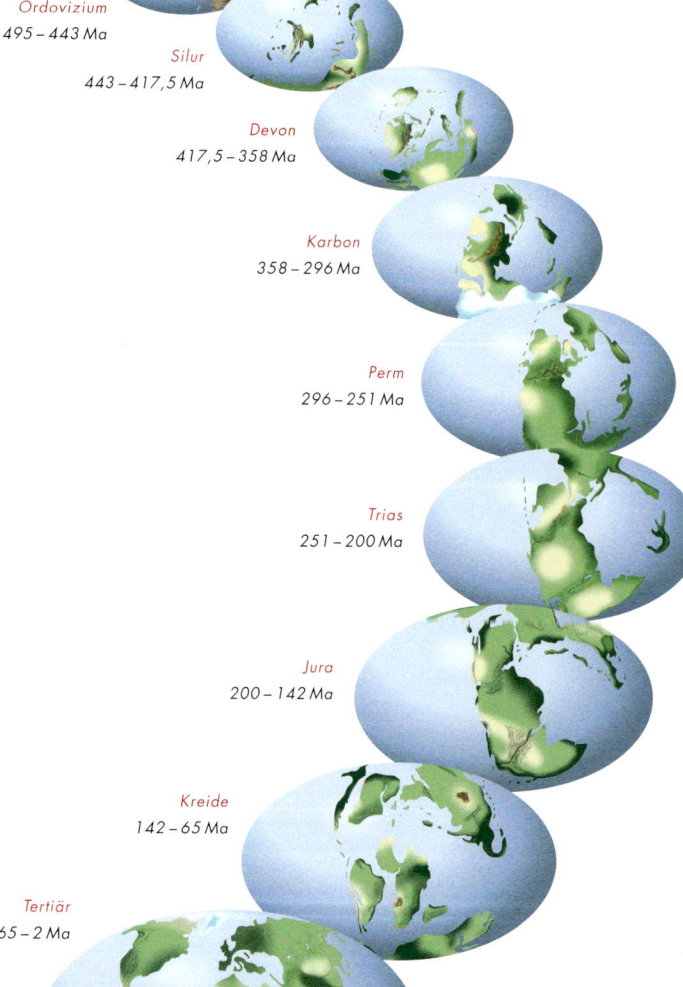

Präkambrium
bis 545 Millionen Jahre

Kambrium
545 – 495 Ma

Ordovizium
495 – 443 Ma

Silur
443 – 417,5 Ma

Devon
417,5 – 358 Ma

Karbon
358 – 296 Ma

Perm
296 – 251 Ma

Trias
251 – 200 Ma

Jura
200 – 142 Ma

Kreide
142 – 65 Ma

Tertiär
65 – 2 Ma

Quartär
seit 2 Millionen Jahren

Vermutliche Zukunft
in 50 Millionen Jahren

7 | Das Tiefsee-Bohrschiff „Glomar Challenger", mit dem der Siegeszug der Plattentektonik begann.

Geologen führen Indizienbeweise wie Detektive

Wie kommt man zu solchen Aussagen? Geologen schauen sich an, wie Gesteine und Tiere etwa in den heutigen Wüstengebieten aussehen; durch Vergleiche mit den Gesteinen der erdgeschichtlichen Vergangenheit kommen sie so zu der Aussage, dass manche Erscheinungen z. B. der Perm- oder der Triaszeit – auch bei uns in Deutschland – mit den gegenwärtigen Verhältnissen in Wüstengebieten vergleichbar sind. Oder sie studieren die Verhältnisse im Wattenmeer, wo in Prielen, die vom Ebbstrom in die Schlammflächen eingeschnitten werden, Sand und Muschelschalen von der herrschenden Strömung transportiert werden und wo Sandröhrenwürmer ihre Häufchen auftürmen. All das gibt es auch in versteinertem Zustand und so kann man feststellen, welche Gebiete z. B. im Rheinischen Schiefergebirge zur Devonzeit früher in der Nähe der Küste gelegen haben.

Mit technischen Mitteln erforschen die Geologen auch die heutige Tiefsee; das tun sie mit Forschungs- und Bohrschiffen und manchmal nehmen sie von Tauchbooten aus ihre Proben sogar direkt vom Meeresboden. Dabei holen sie Sedimente oder Basaltbrocken herauf und können diese dann mit den meist sehr alten Meeresgesteinen vergleichen, die sie in vielen Gebieten an der Erdoberfläche finden. Wenn man genügend Beobachtungen aus dem Gelände zusammengetragen hat, kann man auch Karten über die früheren geologischen Verhältnisse auf der Erde zeichnen. Eine wichtige Voraussetzung dafür ist allerdings, dass man das jeweilige Alter der Schichten kennt. In den gut 200 Jahren, die die Forscher mit solchen Vergleichsmethoden inzwischen „kartiert" haben, hat man nun recht gute Bilder der früheren Verhältnisse gewinnen können.

Tropenwälder verschwinden, Wüsten entstehen

Sie zeigen uns auch, wie sich die Klimagürtel mit der Zeit verschoben haben: Wo man heute Steinkohlen des Karbonzeitalters mit ihren z. T. riesigen Baumresten findet, müssen einmal den heutigen tropischen und subtropischen Verhältnissen entsprechende Wälder gewachsen sein. Und wo man dicke Salzschichten antrifft, muss früher extrem trockenes Klima deren Entstehung aus eindunstendem Meerwasser gesteuert haben. Auch andere fossile Trockengebiete sind relativ gut zu rekonstruieren, wenn man in den betreffenden Gesteinen Dünenschichtung (s. Abb. 8) beobachten kann oder wenn in solchen Schichten besonders wenige Pflanzenfossilien zu finden sind. Kalke sind, wie wir noch sehen werden, besonders geeignet, warme und flache Meeresteile zu erkennen. Das gilt vor allem für Riffe, die ähnlich wie die Kohlen- und Salz-„Gürtel" auch fossile Riff-Gürtel und damit warmes Flachwasser erkennen lassen, selbst wenn die riffbildenden Organismen zu

8 | Großmaßstäbliche Dünenschichtung in Sandsteinen der Jurazeit, ein Hinweis auf extreme Trockenheit im damaligen Nordamerika. Chequerboard Mesa, Zion National Park, Utah, USA

9 | Durch sein Eigengewicht, seine Bewegung und den Schutt, den er an seiner Basis mitführt, scheuert, hobelt, ritzt, poliert und erodiert ein Gletscher sein Gesteinsbett. Nach seinem Rückzug erkennt man die von der riesigen Walze im Gestein zurückgelassenen Kratzer.

Vom Kommen und Gehen der Meere

Wenn wir heute auf allen Kontinenten Fossilien von Tieren finden, deren Lebensraum das Meer gewesen ist, müssen wir daraus schließen, dass große Teile des Festlands früher vom Meer bedeckt waren. Meeresfossilien sind auch die besten Leitfossilien für die Alterszuordnung von Schichten.

Dass das Meer Landgebiete überspülen kann, wissen am besten die Küstenbewohner. In Wurtensiedlungen der Nordsee, die die Archäologen erforschen, hat man mehr als fünf Siedlungsplätze übereinander gefunden, die Wurten sind also im Laufe vieler hundert Jahre immer wieder erhöht worden, um dem höher gestiegenen Wasser zu trotzen. Der Grund dafür war ein Anstieg der Sturmfluten, die im Mittelalter zunehmend auch höher gelegene Landgebiete erreicht hatten. Damals waren solche Fluten vereinzelt auch weit in das Hinterland der Nordseeküste vorgedrungen und seitdem versuchen die Menschen, sich durch den Bau von Deichen vor den Wassermassen zu schützen. Der Meeresspiegel steigt also, aber warum? Für die Nordsee ist die Antwort ziemlich einfach und sie lässt sich wahrscheinlich auch auf viele andere Zeiten innerhalb der Erdgeschichte übertragen.

Eine allgemeine Zunahme des Wassers können wir erst einmal ausschließen. Es geht vielmehr um die Verteilung von Wasser und Eis auf der Erde und die hängt letztlich mit dem Klima zusammen. In Kaltzeiten ist viel Wasser in Form von Eis an den Polen gebunden; wenn dieses während einer Warmzeit wieder abschmilzt, steigt auch der Meeresspiegel entsprechend an. Das Nordseegebiet war noch während der letzten Eiszeit vom Eis der skandinavischen Gletscher bedeckt, die ihre Moränen sogar weit nach Niedersachsen vorgeschoben hatten. Seit etwa 10 000 Jahren ist dieses Eis allmählich abgeschmolzen und das geht noch immer weiter so. Es ist also kein Wunder, dass der Meeresspiegel ansteigt, und für einen Geologen ist es auch ohne weiteres verständlich, dass man früher trockenen Fußes nach Helgoland laufen konnte.

In der kältesten Phase der letzten Eiszeit, vor etwa 18 000 Jahren, lag der Wasserspiegel des Weltmeeres nämlich gut 120 m tiefer als heute und die Nordsee um Helgoland ist heute nur etwa 50 m tief. Damals war es Landtieren und auch den frühen Menschen möglich, von Asien nach Nordamerika (Alaska) zu laufen, weil sich das flache Wasser im Gebiet der Beringsee in eine Landbrücke verwandelt hatte.

Solche Wechsel der Meeresspiegelstände hat es während der gesamten Erdgeschichte vielfach und in großen Ausmaßen gegeben. Geologen sagen „Transgression", wenn das Meer auf das

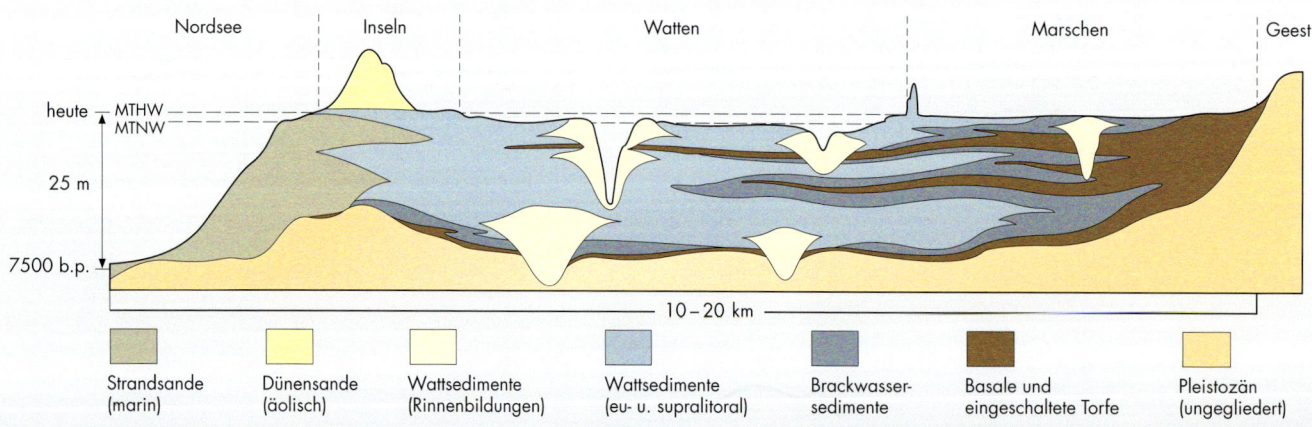

10 | Aus dem Übereinander von Sand, Schlick und Torf lässt sich rekonstruieren, wie das Meer in den vergangenen 7500 Jahren angestiegen war und mehrfach auf das Festland übergegriffen hatte.

Land übergreift, und „Regression", wenn es sich daraus wieder zurückzieht. Im Übereinander von Schichten kann man oft beobachten, dass die darin unten vorkommenden Meeresfossilien in den höher gelegenen Schichten von Brackwasserfossilien und ganz oben schließlich von Süßwasserfossilien abgelöst werden. Aus einem solchen Übereinander kann man also ableiten, dass sich das Meer aus diesem Gebiet zurückgezogen hatte; das Profil zeigt eine Regression an.

Ganz deutlich kann man das an Profilen des Karbons machen, die man wegen der Gewinnung von Steinkohlen in den Bergwerken besonders gut studiert hat. Damals hatte sich ein vielfacher Wechsel von Transgressionen und Regressionen in rascher Folge ereignet. Die Pflanzen, aus denen später die Kohlen gebildet wurde, brauchten Süßwasserverhältnisse, die sie in den Küstensümpfen vorfanden. In den Sedimenten, in denen sie wurzeln, hat man folgerichtig auch Süßwassermuscheln gefunden, also einen weiteren Hinweis auf solche Bedingungen. Bei steigendem Meeresspiegel wurden aber die Küstengebiete überflutet, das eindringende Salzwasser ließ die Pflanzen absterben und deckte deren Lebensbereich mit Schlamm zu. Der weiter ansteigende Meeresspiegel erfasste schließlich auch das Hinterland dieser Küstensümpfe und in den entsprechenden Ablagerungen findet man nun Meeresfossilien. Irgendwann kehrte sich das dann wieder um, die Regression ermöglichte wieder das Wachstum von Landpflanzen, deren Substanz später zu einem neuen Kohleflöz umgebildet wurde.

11 / 12 | Wattenmeer bei Dangast: Der Raum, der im täglichen Wechsel von Ebbe und Flut eine diffuse Grenzregion zwischen Land und Meer bildet.

Man hat nun nach den Ursachen für diese ständigen Wechsel geforscht und herausgefunden, dass es, zeitgleich mit der Kohlebildung auf der Nordhalbkugel, auf der Südhalbkugel (wo der Superkontinent Gondwanaland eine große Landmasse bildete) eine Eiszeit gegeben hat. Dieses Eis musste in Warmphasen abgeschmolzen sein, was zu einer entsprechenden Erhöhung des Meeresspiegels und einer nachfolgenden Transgression über weite Festlandsgebiete der Erde geführt hatte. Ein vielfacher Wechsel von Kalt- und Warmphasen hatte so den Wechsel von Transgressionen und Regressionen auf der Nordhalbkugel gesteuert, den wir in den Steinkohlenprofilen gespeichert sehen. Ganz ähnliche Beobachtungen kann man z. B. auch an den viel jüngeren Braunkohlen des Tertiärs machen, die bei uns u. a. im Rheinland abgebaut werden; die Tertiärablagerungen spiegeln auch hier das Auf und Ab des Meeresspiegels und den Verlauf eines ständig wechselnden Klimas.

Was an den Kohlenprofilen so deutlich erkennbar ist, hat die moderne Geologie inzwischen auch auf andere Abfolgen von Sedimenten übertragen können: Überall sind die Wechsel zwischen Hoch- und Tiefständen des Meeresspiegels in den Ablagerungen gespeichert, wenn man sie zu entziffern versteht, und eigentlich ist die Geschichte der Erde und ihrer Fossilien vor allem eine Geschichte von Transgressionen und Regressionen.

verschiedenen Zeiten der Erdgeschichte unterschiedlichen Tiergruppen angehört hatten. Heute sind Korallen die bekanntesten Riffbildner, es hat aber schon im Devon, Karbon, Jura und Tertiär größere Korallenriffe gegeben. In anderen Epochen der Erdgeschichte waren dagegen oft eher Kalkalgen, Moostierchen, Schwämme oder besondere Muscheln die Riffbauer, im Devon z. B. die den Schwämmen nahestehenden Stromatoporen, oftmals aber wirken und wirkten mehrere Tiergruppen mit den wesentlichen Algen beim Riffbau zusammen.

Zeugen von Eiszeiten

Auch Kaltzeiten haben gelegentlich ihre Spuren in der Landschaft hinterlassen: Moränen-Ablagerungen kennen wir nicht nur aus dem Quartär (das ja für seine Eiszeiten bekannt ist), sondern auch aus dem Präkambrium, Ordovizium oder dem Permokarbon und für das Ordovizium haben wir gelernt, dass damals das Gebiet der heutigen Wüste Sahara von Eis bedeckt gewesen sein muss. Im Präkambrium hat es sogar mehrere Eiszeiten gegeben, wie man aus solchen Anzeichen erkennen kann, zu denen auch Steine gehören, deren Oberfläche streifenartige Kratzer (s. Abb. 9) haben; das kommt daher, dass sie im Gletschereis festgefroren waren, das über den felsigen Untergrund geschrammt ist. Zu den Moränen des Quartärs kommen noch die über die ganze Erde verbreiteten Löss-Ablagerungen der Kaltzeiten, die die damaligen Staub-Gürtel der Eiszeiten dokumentieren.

Paläogeographische Hinweise geben uns auch Böden: Im kalten Klima der polnahen Regionen entstehen andere Böden als in den Tropen, man muss aber viel davon verstehen, um diese Bildungen zu erkennen und richtig zu interpretieren. Ein gutes Beispiel sind die manchmal dezimeterdicken Tonschichten im Hohen Westerwald, die nur unter einem tropischen Klima entstanden sein können, das man sich heute, da „der Wind so kalt" weht (wie es im Lied „Oh, du schöner Westerwald" heißt), gar nicht mehr vorstellen kann. Heute sind das wichtige Rohstoffe, u. a. für die Herstellung von Töpferwaren, und deshalb heißt eine Region dort „Kannebäckerland".

Auch die erwähnten Löss-Ablagerungen der Kaltzeiten sind immer wieder durch Bodenbildungen unterbrochen worden; man kann solche Böden als braun gefärbte Lagen im hellen Löss meist gut erkennen und sie sind Anzeiger für ein warmes Klima, bei dem der Löss zu fruchtbarem Lösslehm verwittert ist. Damals war die Landschaft auch wieder von einer dichteren Pflanzengesellschaft besiedelt.

So hängen Klima und Vegetation immer zusammen und das Klima wird wesentlich von der Lage der Festländer, auf denen wir entsprechende Zeugnisse finden, in Bezug auf die Pole bestimmt.

URZEIT/FRÜHZEIT
DER ERDE

Präkambrium – Die Erde entsteht

Fangen wir also mit dem Präkambrium an. Dieser etwas hilflose Begriff orientiert sich an dem besser definierten Kambrium. Das Präkambrium ist alle Zeit davor, die bis in das Sternzeitalter unseres Planeten zurückdatiert, und es umfasst vier Fünftel der gesamten Erdgeschichte, die noch immer voller Rätsel sind. Im Präkambrium entstand die Erde, entstanden die ersten Kontinente, sammelte sich das Wasser und entwickelten sich Atmosphäre und Leben. Es müssen zeitweise besondere Bedingungen geherrscht haben, unter denen Eisenerze entstanden sind, die in den jüngeren Formationen keine Entsprechungen mehr haben. Präkambrische Gesteinskomplexe sind in allen Kontinenten nachweisbar, sie werden „Alte Schilde" genannt und bilden jeweils die ältesten Kontinentkerne, um die herum sich alle jüngeren Gebirge angelagert haben. Ihr Alter wird als archaisch bezeichnet, was alles Ältere als 2500 Millionen Jahre meint. Die Gesteine des Archaikums sind immer metamorphe Gesteine, und zwar meistens Gneise. Die allerältesten sind sog. Grünsteine, die metamorphe – d. h. umgewandelte – Basalte darstellen, die die ersten, aus den Schmelzen der Anfangszeit hervorgegangenen festen Gesteine überhaupt waren. Durch deren Zerstörung bei der frühen Verwitterung und eine nachfolgende Wiederaufschmelzung der Verwitterungsprodukte entstanden in der Folgezeit auch hellere Gesteine aus den Schmelzen, am Ende sogar Granite. In den Alten Schilden kann man Grünsteine, Gneise und Granite oft nebeneinander finden.

Die schon damals einsetzende Plattentektonik hat daraus mehrfach nacheinander alte Gebirge entstehen lassen und so gibt es auch eine Vielzahl von Diskordanzen, die die präkambrischen Gesteinskomplexe voneinander trennen.

Die Zerstörung der metamorphen und magmatischen Gesteine hat dann auch zunehmend Sedimente entstehen lassen. Anfangs waren das hauptsächlich Grauwacken, d.h. ziemlich unreine Sandsteine, in denen neben den

13 | Stromatolithen, wie sie die ersten mächtigen Karbonatkomplexe der Erdgeschichte aufgebaut hatten. Hier rezente Vorkommen aus der Shark Bay an der Küste von Westaustralien, wo sie im Gezeitenbereich wachsen. Der Kalk wird in millimeterdicken Lagen durch Cyanobakterien ausgefällt.

harten, schwer zerstörbaren Quarzkörnern auch Fetzen von Tonschiefern vorkommen. Durch ständiges Wiederaufarbeiten während der weiteren, vielen hundert Millionen Jahre der Erdgeschichte sind diese Gesteine allmählich immer „sauberer" geworden, sodass sie am Ende fast nur noch aus Quarz bestehen.

Die auf das Archaikum folgende Epoche nennt man das Proterozoikum; das ist die Zeit, von der man ursprünglich angenommen hatte, dass es da noch keine Fossilien gab, eine Zeit ohne Leben auf der Erde also. Fossilien sind zwar in präkambrischen Schichten vergleichsweise äußerst selten, aber man hat in besonderen Gesteinen dann doch welche gefunden; dazu gehören u. a. > 3000 Millionen Jahre alte Strukturen, die wohl Bakterien sind. Erst im jüngsten Proterozoikum, mit dem man sich schon dem Kambrium annähert, fand man besonders ausgebildete Abdrücke von Fossilien, die eine ganz eigentümliche Lebewelt anzeigen.

Während des Präkambriums hat es mehrere Eiszeiten gegeben, deren Spuren in den Gesteinen erhalten geblieben sind, in den jüngeren natürlich besser. Wir sind gewohnt, immer nur die des Quartärs wahrzunehmen, aber es gab auch schon viel früher solche Bedingungen auf der Erde. Vor allem aus dem Jung-Präkambrium kennt man viele solcher Zeugen, die anzeigen, dass damals sogar die gesamte Erde davon betroffen war. Wahrscheinlich war es weltweit so kalt, dass unser Planet ganz weiß war und einem riesigen Schneeball glich. Die Wärme aus dem Erdinnern, die die Vulkane unter dem Eis gespeist hat, hat dann aber glücklicherweise wieder für ein Abschmelzen und eine nachfolgende „Treibhauszeit" gesorgt, in deren Folge sich die reiche Lebewelt des Kambriums entwickeln konnte. Der Klimawandel auf der Erde ist also schon eine uralte Erscheinung.

Dass damals auch besondere Gesteine gebildet wurden, hatte ich schon erwähnt und man muss annehmen, dass die ganz frühe Erde noch wesentlich anders ausgesehen hat als heute: wahrscheinlich so „wüst und leer", wie es in der Bibel steht. Es gab tatsächlich Wüsten, wie uns die roten Sandsteine zeigen, und es muss Gebirge gegeben haben, aus deren Verwitterung der Sand dafür stammt. Weil das Präkambrium die längste Epoche der ganzen Erdgeschichte war und weil damals auch die Plattentektonik noch viel intensiver war als heute, hatten sich mehrfach hintereinander Gebirgsbildungen ereignet, was man an den gestörten Gesteinsstapeln erkennen kann. Von den Lebewesen sind in erster Linie nur die Bakterien und Algen erwähnenswert, weil sie schon damals mäch-

DAS PRÄKAMBRIUM

Diese früheste Ära unseres Planeten umfasst allein vier Fünftel der durch Gesteine überlieferten Zeit. Wenn sie hier dennoch vergleichsweise kurz abgehandelt wird, so liegt das daran, dass es aus dieser Ära wesentlich weniger aussagefähige Zeugnisse gibt als aus allen folgenden Erdzeitaltern. Es gab aber, wenigstens im jüngeren Anteil, schon Fossilien, die ein Proterozoikum von einem älteren Archaikum zu unterscheiden gestatten, das vor 2500 Millionen Jahren zu Ende gegangen war.

14 | Junge Vulkanlandschaft auf São Miguel, Azoren. Die ausströmenden Dämpfe und die von Säuren zerfressenen Gesteine vermitteln einen Eindruck, wie es auf der frühen Erde ausgesehen haben könnte.

tige Kalksteinstapel erzeugt hatten. Interessant wird es aber im jüngsten Zeitabschnitt, der Proterozoikum heißt; dann sind nämlich auf einmal neben Bakterien und Algen seltsame Fossilien in Sandsteinen zu finden, von denen man nicht recht weiß, ob es Tiere oder Pflanzen waren. Diese eigenartigen Lebewesen waren zuerst in Australien entdeckt worden, sind aber inzwischen weltweit aus Schichten des jüngsten Präkambriums bekannt: Man hat sie als eine Art von kleinen, mit Protoplasma gefüllten Luftmatratzen beschrieben, die auf und im Sediment gelebt oder sich auf Stielen darüber erhoben hatten.

Nach den ersten Funden in den australischen Ediacara-Bergen sprachen die Paläontologen vom „Garten von Ediacara" und dachten dabei an pflanzliche Lebewesen, für die dieser Garten eine Art Paradies gewesen sein musste, denn sie hatten keine Fressfeinde. Mit dem ersten Auftreten völlig neuartiger Tiergemeinschaften ging dieses paradiesische Leben allerdings schnell zu Ende: In den jüngeren Schichten sind sie nicht mehr nachweisbar, weil die neu aufkommenden räuberischen Tiere diese älteren Lebensformen in kurzer Zeit völlig ausgelöscht hatten. Weil der Zeitabschnitt des jüngsten Präkambriums Vendium heißt, hat man die versteinerten Organismen später einfach Vendobionten (s. Abb. 15) genannt; damit hat-

15 | Vendobionten, der Balken entspricht 1 cm.

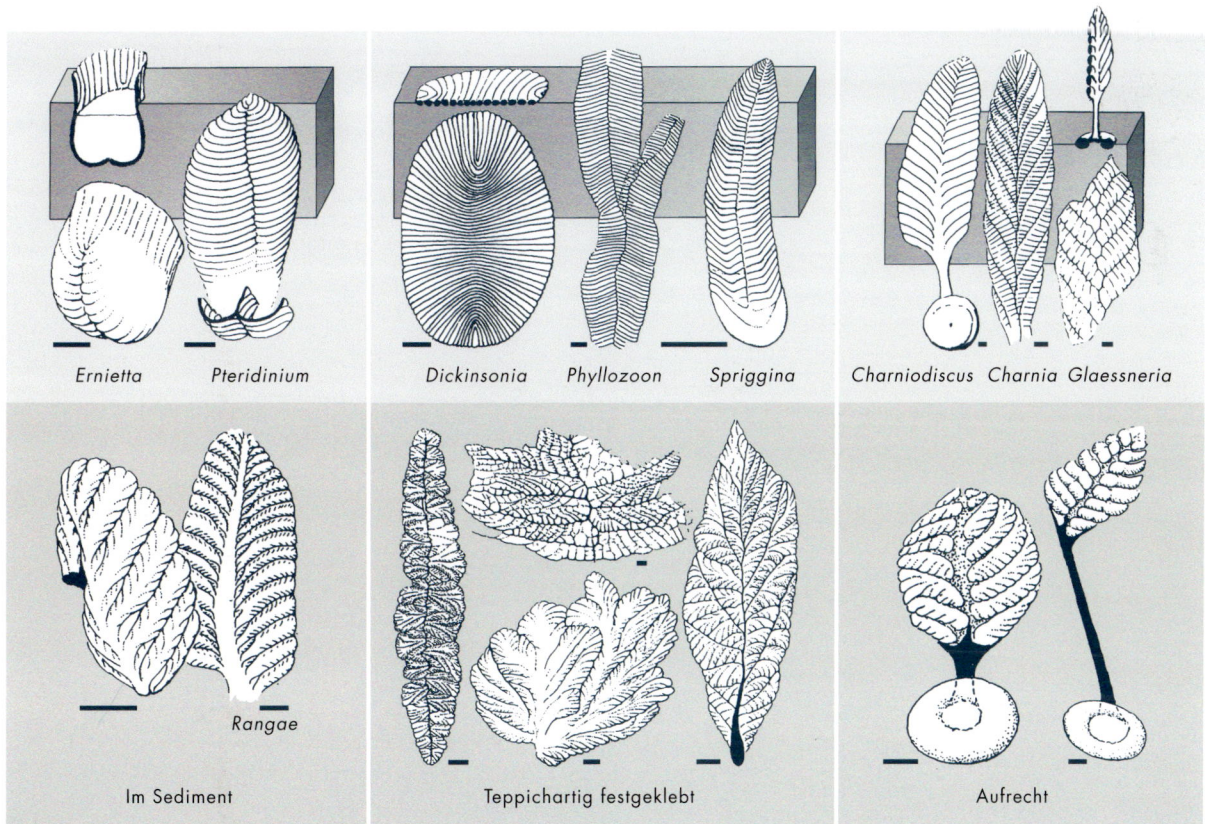

te man die Schwierigkeit ihrer biologischen Zuordnung auch gleich geschickt umgangen.

Die erwähnten Räuber gehörten zu einer Gesellschaft von Tieren, die mein US-amerikanischer Kollege Stephen Jay Gould einmal als „irre Wundertiere" bezeichnet hat. In ihren Bauformen ähneln sie mit segmentierten Körpern den Gliederfüßern, aber manche hatten schon sehr eigenartige Organe entwickelt, die Goulds Bezeichnung rechtfertigen: Manche hatten fünf Augen, was sich im Tierreich später nicht wiederholt hat, andere hatten Mäuler wie Kreissägen und wieder andere ähnelten schon möglichen Vorläuferformen von Trilobiten. Sie alle verdanken ihre Erhaltung als Fossilien der Tatsache, dass sie in außerordentlich feinkörnigen Tonschlamm eingebettet wurden, und erst mit sehr aufwendigen Präparationsmethoden hat man sie in neuerer Zeit überhaupt dreidimensional rekonstruieren können. Mit ihnen sind wir aber bereits in der nächstjüngeren Zeitstufe, dem Kambrium, angelangt.

Unter den Gesteinen des Präkambriums überwiegen Gneise, die durch mehrfache Metamorphosen im Zuge der entsprechenden Gebirgsbildungen aus anderen Gesteinen hervorgegangen sind; man kann sie heute vor allem in den Gebieten der sog. „Alten Schilde" beobachten: Es gibt nirgendwo so viele Gneise wie z. B. in Skandinavien, Kanada oder Brasilien, um nur einige zu nennen.

In Deutschland kennen wir solche sehr alten Gneise u. a. aus dem Regensburger Wald, einem Teilbereich des Bayerischen Waldes, an denen man mit modernen Methoden ein Alter ihrer frühesten Bestandteile von mehr als 3800 Millionen Jahren herausgefunden hat. Damals lag dieser Krustenbereich allerdings noch nicht in Bayern, sondern wesentlich weiter südlich, und er ist erst durch die nachfolgende Plattentektonik in seine heutige Position gewandert.

Die Gneisbildung stand immer im Zusammenhang mit der Entstehung von Gebirgen und es hat zu keiner Zeit der Erdgeschichte so viele solcher Ereignisse gegeben wie im Präkambrium; davon zeugen auch die vielen Diskordanzen, die man in den Gesteinsfolgen beobachten kann.

Natürlich kennen wir auch eine Vielzahl präkambrischer Sedimentgesteine, von den Rotsandsteinen war ja schon die Rede. Quantitativ sind vor allem Grauwacken bedeutend, die den meist groben Schutt der früh zerstörten Gebirge bilden. Viele dieser Sedimente sind metamorph überprägt worden, sodass sich aus Sandsteinen Quarzite gebildet hatten. Solche sehr alten Gesteine kann man bei uns z. B. im südlich an den Thüringer Wald anschließenden Kernbereich des Schwarzburger Sattels im oberen Schwarzatal finden: An der Bushaltestelle „Zirkel" bei Glasbach-Mellenbach sind phyllitische Schiefer und metamorphe Grauwacken aufgeschlossen, denen man ihre mehrfache tektonische Beanspruchung deutlich ansieht.

ERDALTERTUM

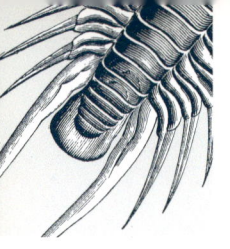

Kambrium – Explosion des Lebens

Dieser Zeitabschnitt ist nach der Landschaft in Wales benannt, die früher eine römische Provinz mit dem Namen Cambria war. Dort hat man besonders an der Küste steilgestellte Sedimentgesteinspakete gefunden, die viele verschiedene Fossilien enthalten. Genau solche Fossilien kennt man aber auch aus vielen anderen Gegenden der Erde und daher weiß man, dass kambrische Schichten weltweit verbreitet sind. Das Aufregende daran ist, dass mit dem Kambrium fast „plötzlich" alle uns bekannten Tierstämme auf einmal auf den Plan treten; die Forscher sprechen deshalb von der „kambrischen Explosion". Mit dem Begriff „plötzlich" muss man aber vorsichtig sein: Wenn die Geologen so sagen, können das auch mal 5 bis 10 Millionen Jahre sein.

In der Zeit nach den präkambrischen Vendobionten gab es schon winzige, nur millimetergroße Fossilien, die ähnlich aussehen wie kleine Muscheln, Schnecken oder Schwämme. Kambrische Fossilien sind zunehmend durch kalkige Schalen gekennzeichnet und deshalb hatten sie wahrscheinlich größere Chancen, erhalten zu bleiben. Vielleicht hatten ihre präkambrischen Vorläufer noch gar keine überlieferungsfähigen Hartteile? Vielleicht hängt das mit einer anderen Zusammensetzung des damaligen Meerwassers zusammen? Wir wissen es nicht und müssen diese Frage offenlassen.

Die „irren Wundertiere" (s. Abb. 16), von denen schon die Rede war, sind Fossilien, deren Baupläne man erst nach einer sehr schwierigen Präparation erkannt hat. Die meisten haben Ähnlichkeit mit Gliederfüßern, manche müssen bedrohliche Räuber gewesen sein mit kreissägeartigen Mäulern, an Stielen beweglichen Zangen oder sogar mit fünf Augen im Kopf. Die ursprünglichen Funde stammen aus den Rocky Mountains der amerikanischen Westküste in British Columbia, inzwischen kennt man solche Fossilien aber auch aus China.

Als Leitfossilien sind aber die Trilobiten (s. Abb. 17) wichtig, die im Laufe des Kambriums ihre Bauformen sehr oft und sehr schnell verändert hatten, außerdem Brachiopoden und die etwas eigenständigen Urbecher, die Schwämmen sehr ähnlich waren; am Ende des Kambriums waren Letztere schon wieder ausgestorben. Dazu kommen noch kleine Vorläuferformen von Kopffüßern und primitive Stachelhäuter. Würmer haben zwar keine Hartteile, aber sie können trotzdem fossile Spuren hinterlassen, weil sie die Sedimente durchwühlen: Es gibt in kambrischen Sandsteinen oft wie Orgelpfeifen parallel nebeneinander angeordnete Säulchen, die auf diese Weise entstanden sind.

Das Erdaltertum

Diese systematisch zweite Ära der Erde, das Erdaltertum (Paläozoikum), begann vor 545 Millionen Jahren und endete vor 251 Millionen Jahren. Sie wird anhand von den nun explosionsartig sich entwickelnden Organismen und deren Lebewelt in sechs Systeme gegliedert, die mit eigenen Namen versehen wurden: Kambrium, Ordovizium und Silur, Devon, Karbon und schließlich Perm.

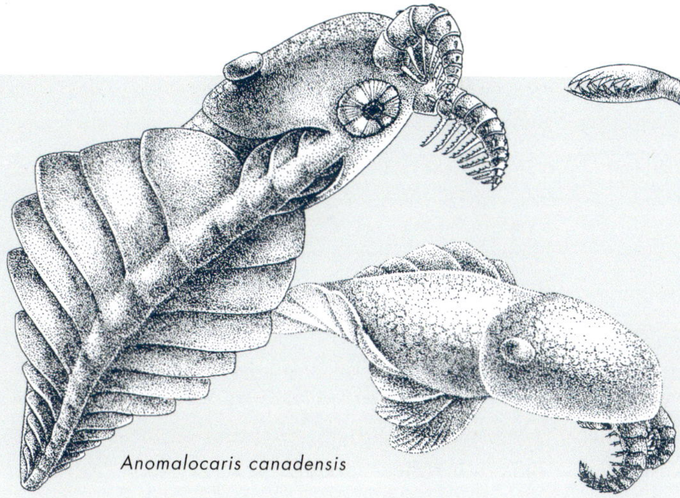

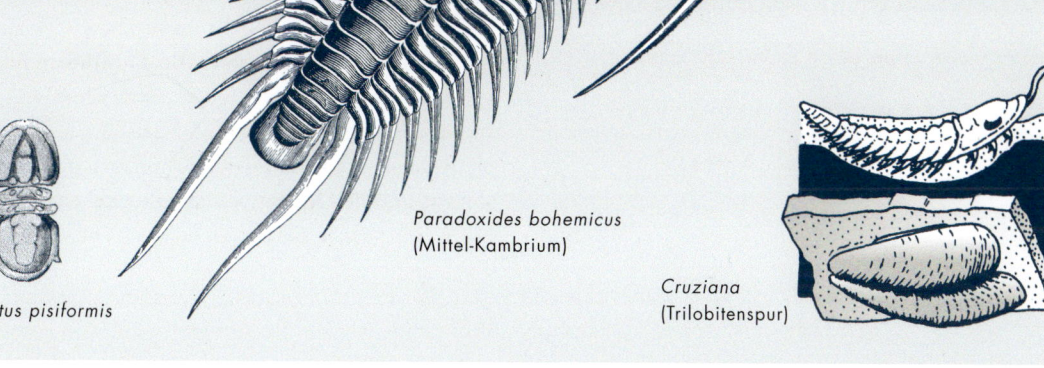

Anomalocaris canadensis

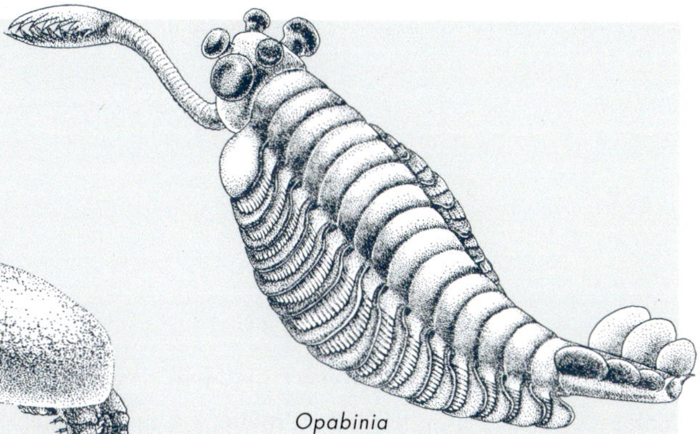

Opabinia

16 | „Irre Wundertiere"

17 | Trilobiten des Kambriums

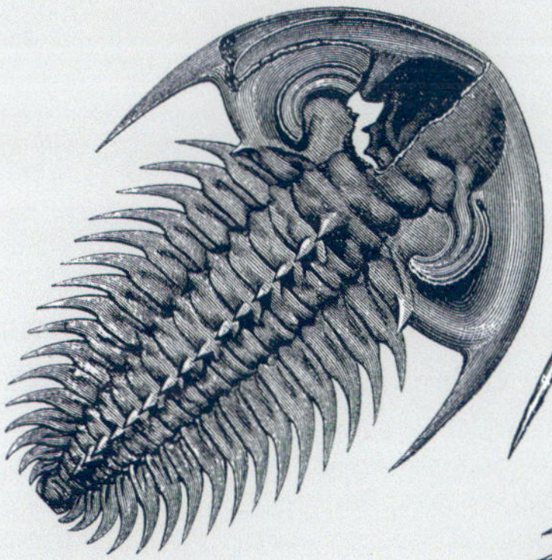

Olenellus gilberti

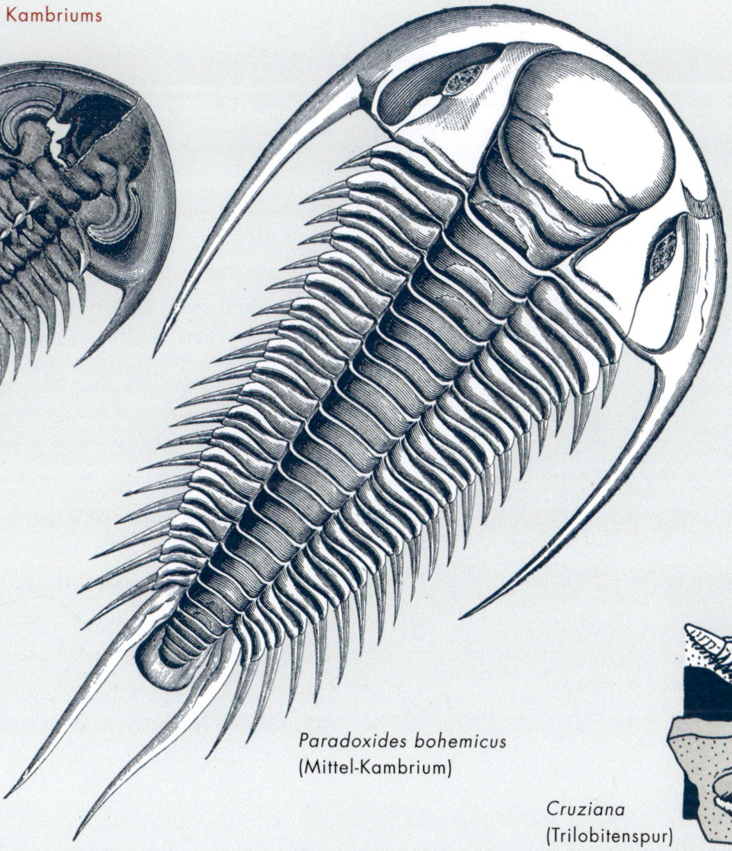

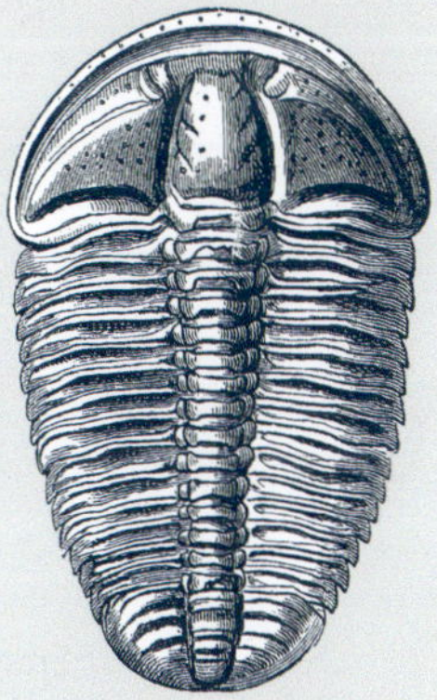

Conocoryphe sulzeri
(Mittel-Kambrium)

Paradoxides bohemicus
(Mittel-Kambrium)

Agnostus pisiformis

Cruziana
(Trilobitenspur)

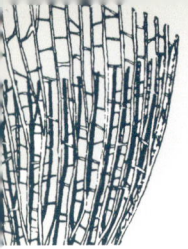

Ordovizium – Leben nur im Meer

Auf das Kambrium folgt das nach den keltischen Ordovicern benannte Ordovizium. Die Schichten sehen denen des Kambriums oft so ähnlich, dass man unbedingt Fossilien braucht, um Kambrium von Ordovizium zu unterscheiden. Es sind meistens dunkle Tonschiefer, die aus dem Schlamm dieser Urmeere entstanden sind. Zur zeitlichen Einstufung sind wieder die Trilobiten (s. Abb. 18 u. 19) von Bedeutung, die nun Formen entwickelt hatten, die sich von den kambrischen deutlich unterscheiden. Als wichtigste Fossilgruppe kommen jetzt aber die „Schriftsteine" (Graptolithen) hinzu, die geradezu explosionsartig ständig neue Formen hervorgebracht hatten.

Aus anfangs noch am Boden festgehefteten Tierkolonien entwickelten sich freischwebende, was natürlich besonders günstig für ihre weltweite Verbreitung war. Dazu kommen auch hier Muscheln, Schnecken, Brachiopoden, Korallen, Moostierchen, Stachelhäuter und erstmals fischähnliche Wirbeltiere ohne Kiefer. Bedeutend waren jetzt auch die Kopffüßer, von denen bis zu 9 m lange Gehäuse überliefert sind: Der *Orthoceras* (das „Geradhorn") war noch nicht eingerollt wie seine späteren Nachfahren, die Ammoniten.

Schon im Ordovizium begannen sie aber, sich an der Spitze einzurollen, sodass eine Form wie ein Bischofsstab (s. Abb. 19) entstand. Daran zeigt sich die Tendenz, die im Sinne der Evolution dann später zu vollständig zusammengerollten Formen führt. Orthoceren kommen in manchen Kalksteinen des Ordoviziums so massenhaft vor,

10 | Dieser in Wales gefundene 3 cm lange fossile Gliederfüßer aus dem Ordovizium ist ein typischer Vertreter der Trilobiten, einer ausgestorbenen Gruppe von Meerestieren. Ihr Außenskelett hatte drei Teile: einen Kopfschild (hier mit einem Stachel am vorderen Ende), einen Panzer aus beweglichen Platten, der sich einrollen konnte, und einen Schwanz, der im eingerollten Zustand die Kopfunterseite schützte.

dass man von „Orthoceren-Schlachtfeldern" (s. Abb. 20) gesprochen hat. Sie haben sich aber nicht untereinander bekämpft, sondern wurden nur durch die Strömung zusammengespült, als sie schon tot waren.

Die Gesteine in Wales sind überwiegend dunkle Tonschiefer, die in tiefen Meeren abgelagert wurden. Es gab aber natürlich auch viele andere Gesteinsarten, zu denen die schon erwähnten Kalksteine gehören, die auch Riffe aufgebaut hatten; und vor allem gab es Sandsteine von

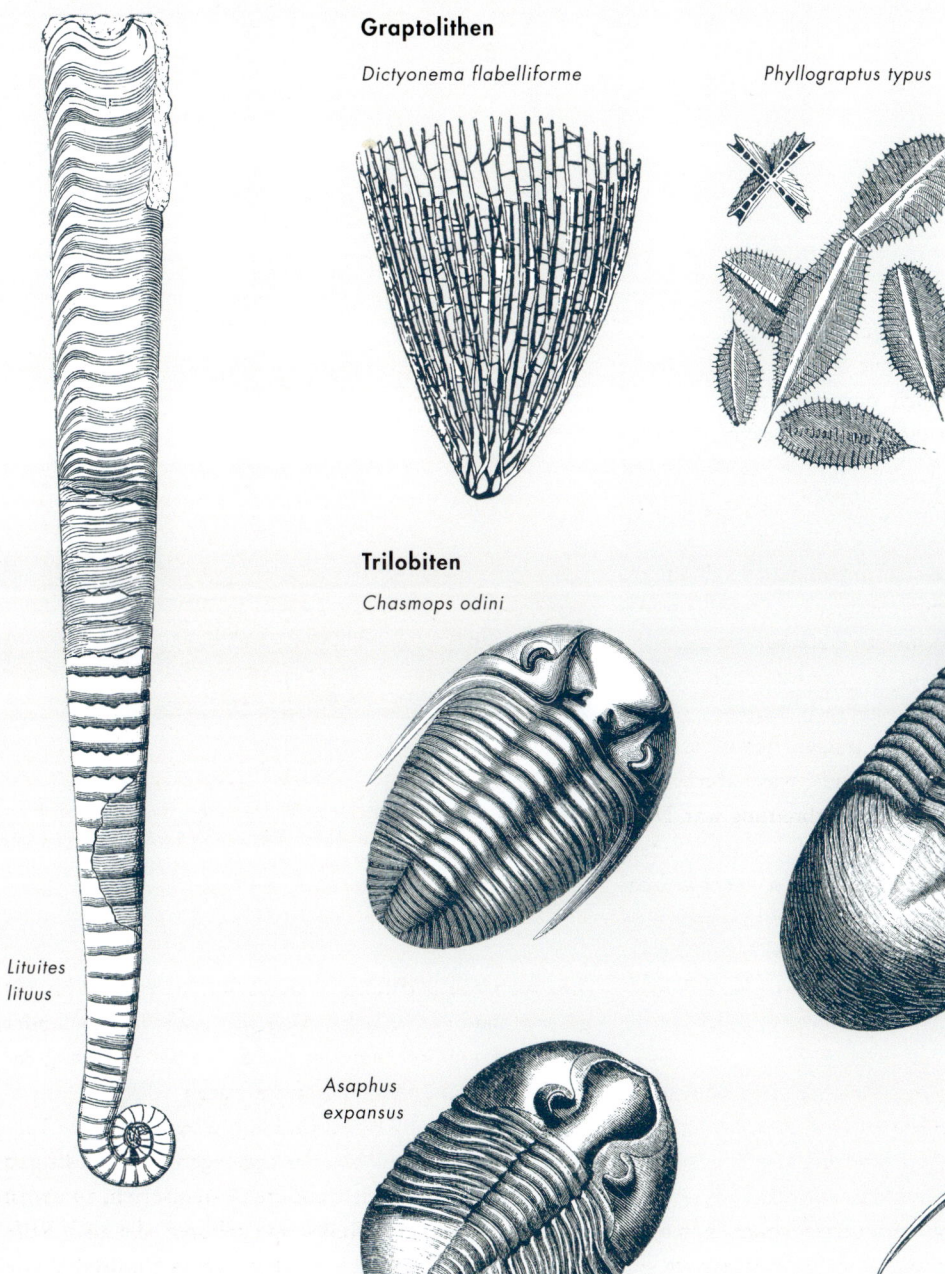

19 | *Lituites lituus* („Bischofsstab"), Trilobiten und Graptolithen des Ordoviziums

20 | Anhäufung von Orthoceren („Schlachtfeld"). Polierter dunkler Kalkstein aus Marokko, wie er manchmal im Fossilienhandel erhältlich ist.

außerordentlich guter Sortierung, deren Körnerspektrum man in dieser Ausbildung nur in flachem, stark bewegtem Wasser antrifft. In den entsprechenden Flachmeeren sind die Körner ständig hin und her bewegt und gelegentlich zu schräggeschichteten Sandbarren aufgehäuft worden, wie wir das heute noch an den Friesischen Inseln beobachten können. Durch die spätere Gebirgsbildung sind die meisten Sandsteine dann metamorph, d. h. in Quarzite umgewandelt worden, die man bei uns z. B. im Vogtland sehen kann.

Im Thüringer Schiefergebirge gibt es auch ordovizische Eisenerze, deren Körner aussehen wie die kalkigen Ooide. Das Eisen stammt von nahe gelegenen Festlandsgebieten, ist durch Flüsse ins Flachmeer transportiert und dort in bewegtem Flachwasser wieder ausgefällt worden. Diese Eisenerze sind früher geschmolzen und geschmiedet worden und daher kommt z. B. der Ortsname Schmiedefeld. Zu den ordovizischen Rohstoffen gehören auch Ölschiefer, die aus Algen entstanden sind, die man in Estland gewonnen und im Zweiten Weltkrieg sogar bis nach Schwaben transportiert hat, um daraus Öl zu extrahieren (nach Schwaben deshalb, weil es dort den ölhaltigen Posidonienschiefer gibt, der allerdings aus der Jurazeit stammt, vgl. Jura). Der estnische Ölschiefer ist wie der Posidonienschiefer ein Gestein, aus dem unter bestimmten Bedingungen Erdöl entstehen kann.

Die Geologen hatten bis 1970 übersehen, dass es im Ordovizium auch eine Eiszeit gegeben hat; deren Spuren wurden dann ausgerechnet in der Sahara und auf der Arabischen Halbinsel gefunden. Bei dem heutigen heißen Klima dort waren solche Funde zunächst nicht sehr naheliegend, man muss aber bedenken, dass diese Eiszeit weit über 400 Millionen Jahre zurückliegt. Es sind Spuren von Gletschern, die ihren Untergrund geschrammt hatten, und Ablagerungen von Moränen. Treibende Eisberge sind damals bis nach Thüringen gelangt und haben dort die darin eingefrorenen Steine auf den Meeresboden fallen lassen; solche Ablagerungen bezeichnen wir heute als „dropstones". Das eher feinkörnige Gestein, in dem man sie finden kann, heißt wegen seiner bräunlichen Farbe und Beschaffenheit Lederschiefer. Zu diesen Beobachtungen passt auch, dass am Ende des Ordoviziums plötzlich viele Tiergruppen ausgestorben sind, sodass sich die Lebewelt im nachfolgenden Silur erst langsam von diesem Kälteschock erholt und dann auch wieder neue Arten herausgebildet hatte.

Silur – Die Eroberung des Festlandes

Im Silur, das auch nach einem keltischen Volksstamm, den Silurern, benannt ist, gab es ganz ähnliche Gesteine wie im Ordovizium. Auch die Graptolithen existierten weiter. Die Kälte hatte sie aber dezimiert und zur Entwicklung neuer Formen gezwungen. Für die Geologen ist das natürlich vorteilhaft, weil sie so die ordovizischen von den silurischen Schichten vor allem anhand dieser Fossilien gut unterscheiden können. Auch die Trilobiten und die Brachiopoden sind durch neue Arten vertreten.

Ganz wesentlich ist aber, dass im Silur die Besiedlung des Festlandes durch die Pflanzen erfolgt ist. Man kennt zwar Sporen niederer Pflanzen auch schon aus dem Ordovizium, aber das war wohl nur der Anfang. Die silurischen Pflanzen hatten noch ganz kleine „Blätter", die eher wie Dornen aussahen (s. Abb. 21); große Blätter verdunsten ja ziemlich viel Wasser, und das konnten die anfänglichen Leitbündel noch nicht in genügender Menge nachliefern. Sie sahen also im Vergleich mit modernen Pflanzen ziemlich nackt aus, weshalb sie auch als Nacktpflanzen (Psilophyten) bezeichnet werden.

Zusammen mit den Pflanzen waren nun auch schon einige Tiergruppen aus dem Meer in festländische Gewässer vorgedrungen. Dazu gehörten krebsähnliche Tiere (s. Abb. 22), die bis zu 2 m lang werden konnten und damit die größten Gliederfüßer waren, die je auf der Erde gelebt haben.

Muscheln und Schnecken hatten sich gegenüber ihren ordovizischen Vorfahren kaum verändert, sie verharrten noch in einer Art von evolutionärem Schlaf, den sie erst sehr viel später beenden sollten, aber die Brachiopoden hatten viele neue Formen ausgebildet, die auch gute Leitfossilien sind. Die Kopffüßer vor allem verfolgten zielstrebig ihre weitere Evolution, indem sie neben den erwähnten Orthoceren nun auch schon vollständig eingerollte Formen entwickelten.

Die Kalk-Architekten der damaligen Zeit waren vor allem Korallen (s. Abb. 23), Moostierchen und Stachelhäuter, daneben aber immer auch Kalkalgen; sie alle zusammen haben Riffe aufgebaut, von denen die der schwedischen Insel Gotland besonders gut untersucht sind.

Es gab außerdem eine Weiterentwicklung der Wirbeltiere, denn nun sind erstmals sogar Fische mit Kiefern bekannt, die wie die kieferlosen Agnathen der älteren Vorzeit ein Außenskelett aus Schuppen hatten; das waren die Panzerfische, und schließlich gab es auch schon Stachelhaie. Die Entwicklung der Fische fand offenbar in Süßwassertümpeln statt, wo die Tiere einem gewissen Anpassungsdruck durch die vom Meerwasser abweichende Umgebung ausgesetzt waren.

Die Gesteine des Silurs sind denen des Ordoviziums in vieler Hinsicht ähnlich, gegen Ende ist allerdings eine Zunahme festländischer Ablagerungen mit roten Farben zu beobachten, was auf zunehmende Trockenheit hinweist. Man kann das auch mit einem weltweiten Rückzug des Meeres (einer

21 | Pflanze des Silurs

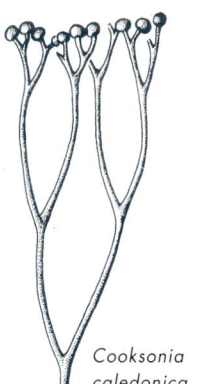

Cooksonia caledonica

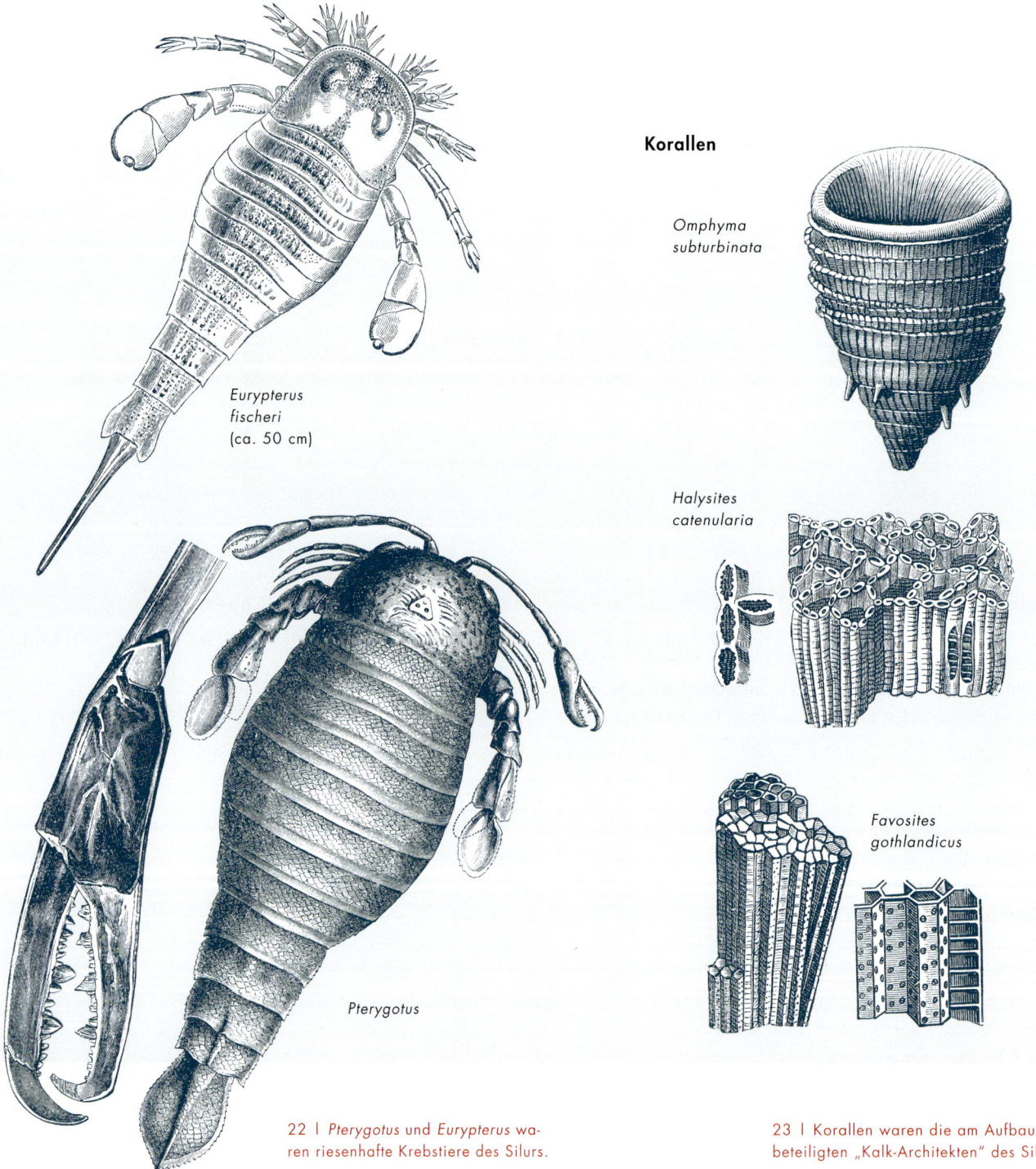

22 | *Pterygotus* und *Eurypterus* waren riesenhafte Krebstiere des Silurs.

23 | Korallen waren die am Aufbau von Riffen beteiligten „Kalk-Architekten" des Silurs.

Regression) erklären. Schichten lassen sich zeitlich immer dann gut einstufen, wenn es sich um Meeresablagerungen mit entsprechenden Fossilien handelt. Die festländischen Rotsedimente des ausgehenden Silurs liefern deshalb auch eine Erklärung dafür, warum die Grenze zwischen Silur und dem hangenden Devon nicht überall leicht zu ziehen ist.

Dieser Rückzug des Meeres hatte eine tiefgreifende Ursache: Damals entstand nämlich das Kaledonische Gebirge, das nach einem alten Namen für Schottland benannt ist. Im Sinne der Plattentektonik wurde der Ozean, der die Ablagerungen von Kambrium, Ordovizium und Silur aufgenommen hatte, durch diese Gebirgsbildung geschlossen und seine Sedimente wurden verfaltet und steilgestellt, was man z. B. an den Küsten von Wales (s. Abb. 24), aber nicht nur dort, gut sehen kann.

24 | Schichten aus dem Silur in Wales. Diese schräg stehenden Sandstein- und Schieferschichten an der walisischen Atlantikküste enthalten zahlreiche Fossilien, darunter die ausgestorbenen Graptolithen; sie zeigen, dass es sich ursprünglich um Meeressedimente aus dem frühen Silur handelt, die nach heutiger Kenntnis etwa 435 Millionen Jahre alt sind.

Das Gebirge verwitterte in der Folgezeit und wurde abgetragen, sodass die ersten Rotsedimente im jüngsten Silur diesen ersten Abtragungsprodukten entsprechen. Jene Vorgänge haben sich im nachfolgenden Devon fortgesetzt, von dem nun die Rede sein soll. Da Gebirgsbildungen immer mit tiefgreifenden Veränderungen verbunden sind, soll auch erwähnt sein, dass dabei Granite, Gneise und Basalte entstanden sind und dass damals schon ganze Gesteinsstapel in Form von Decken übereinandergeschoben wurden.

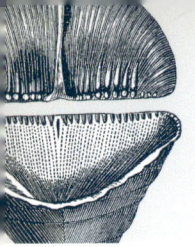

Devon – Schiefergebirge und Korallenmeere

Im Devon war durch die Kaledonische Gebirgsbildung ein ganzer Kontinent neu entstanden, der wegen seiner überwiegend rot gefärbten Sedimente mit dem englischen Begriff „Old Red Continent" bezeichnet wird; er reichte paläogeographisch von Kanada und Nordamerika über Grönland nach Schottland und Skandinavien. Seine Rotsedimente waren hauptsächlich aus dem Abtragungsschutt des Kaledonischen Gebirges gebildet worden, der im Wesentlichen zu Sandsteinen, Konglomeraten und Tonschiefern verfestigt wurde.

Das Devon heißt so nach der englischen Grafschaft Devonshire, weil es dort zuerst beschrieben wurde. Devonische Sedimente überlagern in den meisten Gebieten des Kaledonischen Gebirges die älteren Ablagerungen nicht kontinuierlich, weil die darunter folgenden älteren Gesteinskomplexe (das Liegende) ja zuvor gefaltet und von Schmelzen durchdrungen worden waren. In einem solchen Fall reden die Geologen von einer Diskordanz (s. Abb. 25), die zeigt, dass ein gewaltiger Umbruch in der Erdgeschichte stattgefunden hat.

Manche der erwähnten Rotsedimente sind in episodisch austrocknenden Tümpeln abgelagert worden; ein solches Milieu war auch für die Evolution von Bedeutung, denn hier vollzog sich die Entwicklung von Wirbeltieren, die für die weitere Eroberung des Festlandes maßgeblich wurden. Fische in diesen Tümpeln mussten nach Luft schnappen, wenn diese austrockneten. Unter diesem Evolutionsdruck hatte sich aus der Kiemenatmung der Fische allmählich die Lungenatmung der Landwirbeltiere herausgebildet. So entstanden im Devon die ersten Amphibien – Tiere, die sowohl im Wasser als auch auf dem Land leben konnten.

Auf dem Festland ging auch die im Silur begonnene Entwicklung der Landpflanzen weiter. Daneben gab es im Meer treibenden Tang, der sich in einem besonderen Fall zu Riesenformen ausgewachsen hatte, sodass man die Tangbündel früher einmal für Bäume gehalten hatte; man gab ihm deshalb den Namen *Prototaxites*, was eine Vorläuferform der Eibe andeuten sollte. Die Landpflanzen hatten immer noch sehr kleine, blattähnliche Anhänge, aber ihre Masse trug nun auch zur allmählichen Entwicklung einer sauerstoffreicheren Atmosphäre bei.

Im Rheinischen Schiefergebirge z. B. lässt sich beobachten, dass das Meer im Laufe des Devons wieder zurückkam und die Landgebiete überflutete; dementsprechend gibt es nun auch wieder Meeresfossilien. Die Graptolithen waren inzwischen weitgehend ausgestorben, aber es gab eigenständige Formen von Trilobiten, Brachiopoden und Kopffüßern (die nun ganz eingerollte

25 | Eine klassische Diskordanz, bei der die während der Kaledonischen Gebirgsbildung gefalteten und steilgestellten Schichten des Silurs von Rotsedimenten des Devons überlagert werden. Siccar Point, Schottland.

Gehäuse hatten; Goniatiten), dazu Muscheln, Schnecken und Stachelhäuter. Die Fossilien kommen in ganz unterschiedlichen Gesteinen vor, oft in Sandsteinen, aber auch in Kalken und Tonschiefern. Besonders gut sind sie in feinstkörnigen schwarzen Schiefern erhalten und manchmal darin in den goldglänzenden Pyrit (Schwefelkies) umgewandelt worden (solche schönen Stücke stammen vor allem aus dem Hunsrück, wo man sie beim Spalten von Dachschiefern immer wieder gefunden hat).

Devonische Kalksteine sind in bestimmten Gebieten massenhaft durch Riffe aufgebaut worden, deren Organismen kalkige Gehäuse bzw. Schalen hatten. Das waren vor allem die mit den Schwämmen verwandten Stromatoporen und Korallen (s. Abb. 26). Die Stromatoporen sind längst ausgestorben und die Korallen hatten damals noch ganz andere innere Baupläne, obwohl manche von ihnen äußerlich den heutigen Formen schon sehr ähnlich waren. In den Riffen lebten sie aber auch mit Algen, Brachiopoden und Stachelhäutern zusammen, es gab also eine richtige Lebensgemeinschaft. Im Rheinischen Schiefergebirge und im Harz sind solche Riffkalke manchmal viele Hundert Meter dick. Weil die Korallen immer zusammen mit bestimmten Algen in Gemeinschaft (Symbiose) leben, die Licht brauchen, muss man sich fragen, wie diese Kalkmassen zusammengekommen sind, denn in mehrere Hundert Meter tiefem Wasser gab es ja nicht mehr genügend Licht. Eine Teilantwort hat uns schon Charles Darwin gegeben, der die Riffe auf den Vulkanen in der Südsee untersucht hatte. Die Vulkane sinken dort, nachdem sie Lava zu Inseln aufgetürmt haben, ganz langsam wieder unter den Meeresspiegel und die darauf wachsenden Korallenriffe sinken zusammen mit ihnen ab; dabei wachsen die Tiere in dem gut durchlichteten Flachwasser ständig weiter, produzieren Kalk und gleichen so das Absinken aus. Auch viele der devonischen Riffe sind auf solchen untermeerischen Vulkanen aufgewachsen, die man z. B. an ihren Kissenlaven erkennen kann. Es gibt aber auch Riffe, die sich am Schelfrand nahe der damaligen Küste entwickelten, wo ebenfalls flaches Wasser vorherrschte, ganz ähnlich wie man das noch heute am Great Barrier Reef (s. Abb. 27)

26 | Korallen aus dem Devon

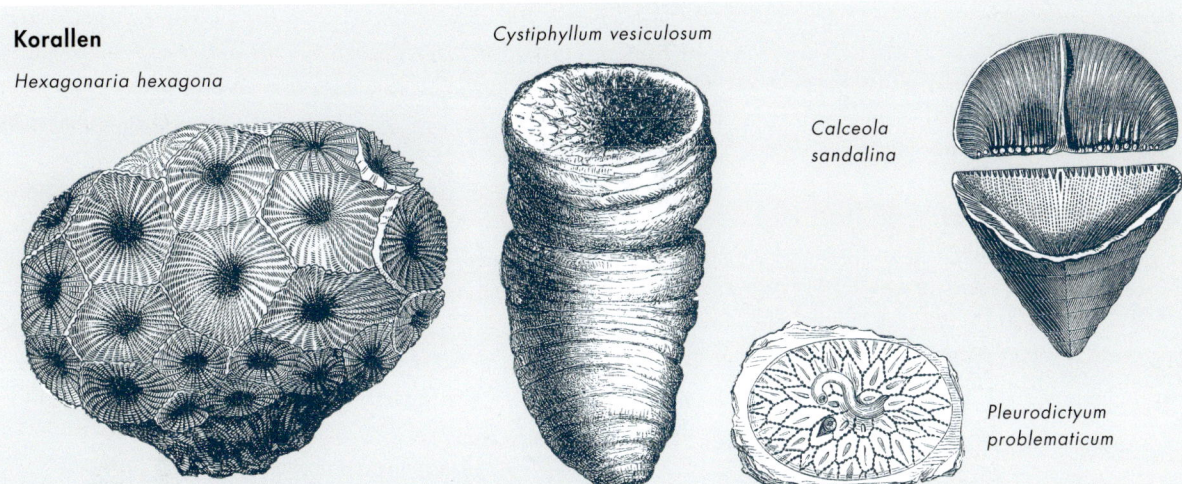

Korallen

Hexagonaria hexagona

Cystiphyllum vesiculosum

Calceola sandalina

Pleurodictyum problematicum

27 | Das Great Barrier Reef vor der Küste Australiens ist ein Beispiel für Schelfrandriffe, die es auch im Devon gegeben hat.

vor Australien beobachten kann. Sobald das Wasser zu tief wurde, hörte das Riffwachstum auf und andere Sedimente wurden über den Riffkalken aufgeschichtet.

In solchen Riffkalken, die man auch Massenkalke nennt, sind in geologisch junger Zeit, als sie schon längst Teile des Festlandes waren, viele der bekannten Tropfsteinhöhlen entstanden, u. a. im Harz und im Sauerland.

In den devonischen Meeren lebten nun auch schon richtige Fische, von denen manche aussahen wie unsere heutigen Rochen. Von besonderer Bedeutung waren aber die sog. Quastenflosser (s. Abb. 29), die man in den Rotschichten von Grönland und Schottland entdeckt hat. Ich hatte schon erwähnt, dass solche Schichten oft in Tümpeln entstanden waren, die von Zeit zu Zeit austrockneten; das war eigentlich kein geeigneter Lebensraum für Fische. Es ist deshalb auch nicht verwunderlich, dass das erste Amphibium der Erdgeschichte aus solchen Ablagerungen stammt. Offenbar setzte damals eine Mode ein, aufs Land zu gehen. Aus Grönland stammt das aus zahlreichen Einzelfundknochen rekonstruierte Tier, das man *Ichthyostega* (s. Abb. 28) getauft hat; im Namen sollte schon deutlich werden, dass es noch Merkmale von Fischen (griech. *ichthys* = Fisch) hatte. Es verfügte zwar über einen den Fischen ähnlichen Schwanz, hatte aber statt der Flossen vier Beine.

DEVON – SCHIEFERGEBIRGE UND KORALLENMEERE | 39

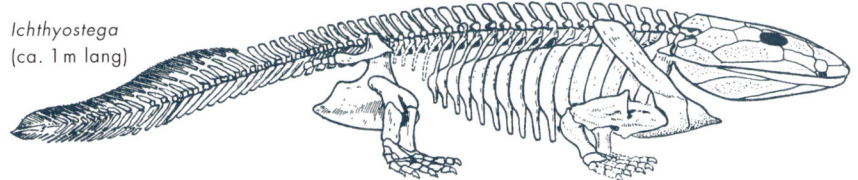

Ichthyostega (ca. 1 m lang)

28 | Das Amphibium *Ichthyostega*, eines der ersten Landwirbeltiere, dessen Schwanz noch auf seine Herkunft von den Fischen hinweist.

Außer Tonschiefern und Massenkalken gab es im Devon natürlich auch schichtige Kalksteine, deren Material oft von den Riffen aus in die benachbarten Meeresbecken geschüttet wurde, Sandsteine, die in Küstennähe und in flachen Meeresteilen entstanden waren, und viele Arten vulkanischer Gesteine. Basalte mit Pillows zeigen, dass sie unter Wasserbedeckung ausgeflossen waren. Sie sind später durch eine leichte Metamorphose grün gefärbt worden, weil sich neue Minerale darin gebildet hatten: Dann nennt man sie nicht mehr Basalt, sondern Diabas. Solche Gesteine kann man bei uns besonders schön im Lahn-Dill-Gebiet, im Sauerland und im Harz beobachten.

In Nordamerika und Kanada hatten damals große Riffe ganze Riff-Gürtel gebildet, die riesige Lagunen vom offenen Meer abriegelten; in deren flachem Wasser sind dann, bei vorherrschend warmem Klima, bedeutende Lagerstätten von Steinsalz und Kalisalzen auskristallisiert. Zu den devonischen Rohstoffen gehören auch die Roteisensteine, deren Eisen nach Ende des Diabasvulkanismus vor allem aus dessen Lockergesteinen mobilisiert wurde; sie waren von der Keltenzeit an bis nach 1980 vor allem im Gebiet von Lahn und Dill, im Sauerland und im Harz Gegenstand eines intensiven Bergbaus.

Gegen Ende des Devons kam es wieder zu einem Massenaussterben, es war schon das zweite nach dem zwischen Ordovizium und Silur. Auch hier nimmt man an, dass es durch eine Abkühlung des Klimas verursacht war, obwohl man nicht direkt Spuren einer Eiszeit gefunden hat.

29 | *Latimeria chalumnae*, ein heute noch lebender Nachfahr der Quastenflosser aus dem Devon. Die Tiere galten als ausgestorben, bis man 1938 erstmals lebende Exemplare bei den Komoren entdeckt hatte.

Karbon – Das Steinkohlenzeitalter

Im Karbon wurde es wieder ziemlich heiß auf der Erde, jedenfalls in den Gebieten, in denen man die bedeutendsten Steinkohlenvorkommen der Erde finden kann; danach nennt man das Karbon ja auch das „Steinkohlenzeitalter". Die Steinkohlenwälder, aus denen beispielsweise die Kohlen im Ruhrgebiet und im Saarland entstanden sind, konnten nur in einem entsprechenden Klima gedeihen. Es muss demnach auch hierzulande einmal sehr heiß und feucht gewesen sein.

Weil man Steinkohlen mit Pflanzenfossilien von gleichem Alter auch in Polen, in Belgien, Nordfrankreich, England und Nordamerika abbaut, geht man davon aus, dass es damals einen warmen Klimagürtel gegeben hat, der sich über die ganze Erde hinweg von Osten nach Westen erstreckte; deshalb finden sich karbonzeitliche Kohlen von China über Großbritannien bis nach Nordamerika. Warum das so war, kann uns die Plattentektonik erklären: Die Kontinente, auf denen heute Steinkohlen mit solchen Pflanzenresten gefunden werden, lagen damals unter dem Äquator, das Ruhrgebiet und das Saarland müssen also seit dem Karbon weit nach Norden gewandert sein, um in ihre heutige Position zu gelangen; dazu hatten sie etwa 300 Millionen Jahre Zeit.

Der Abbau der Steinkohlenvorkommen in Ruhrgebiet und Saarland war früher einfach, weil im südlichen Ruhrgebiet die Flöze an der Oberfläche „ausbissen". Die geologischen Verhältnisse sind aber dadurch gekennzeichnet, dass die Schichten nach Norden zu abtauchen, und deshalb musste man mit dem fortschreitenden Bergbau bis heute in immer größere Tiefen vorstoßen.

Die Tiergruppen entwickelten sich weiter und es gab alle im Devon schon erwähnten Stämme, auf die ich aus Platzgründen hier nicht weiter eingehen möchte. Nur die Libellen (s. Abb. 30) sollen erwähnt sein, die mit Flügelspannweiten bis zu 60 cm erstmals den Luftraum erobert hatten. In den sumpfigen Wäldern lebten auch Süßwassermuscheln und -schnecken und mit ihnen zusammen die ersten Pfeilschwanzkrebse. Amphibien wuchsen sich manchmal zu Riesenformen aus, manche wurden über 5 m groß. Gegen Ende des Karbons gab es auch schon die ersten Reptilien der Erdgeschichte. Weil Reptilien Eier legen, in denen ihre Nachkommen vor der Austrocknung geschützt sind, sind sie vom Wasser unabhängig.

Das bedeutendste Ereignis im Karbon war aber die nächste große Gebirgsbildung, bei der u. a. praktisch alle unsere deutschen Mittelgebirge entstanden sind. Im Sinne der Plattentektonik wurden die im Devon und Unterkarbon entstandenen Meeresablagerungen zu einem Faltengebirge zusammengeschoben, in dessen tieferen Stockwerken auch Granite und verwandte Gesteine entstanden.

Gelegentlich wurden sogar ozeanische Basalte auf die späteren Festlandsgebiete aufgeschoben. Nach einer römischen Bezeichnung für die Stadt Hof (*curia variscorum*) hat man dieses Gebirge das Variskische Gebirge genannt. Seine Bildung hatte damals die ganze Erde erfasst und zu einer riesigen Landmasse zusammengeschweißt. Daher verwundert es nicht, wenn man variskische, d. h. gleichzeitig mit unseren Mittelgebirgen (Schwarzwald, Odenwald, Spessart, Rheinisches Schiefergebirge, Erzgebirge oder Harz z. B.) entstandene Gebirge auch in Frankreich, England, Nordafrika, im Ural oder in den nordamerika-

KARBON – DAS STEINKOHLENZEITALTER | 41

nischen Appalachen antrifft, denn den Atlantischen Ozean gab es damals noch nicht. Wenn man in Deutschland Granite findet, sind sie meistens variskisch, d. h. etwa 300 Millionen Jahre alt.

Granite

Granite und verwandte Tiefengesteine sind in vielen deutschen Mittelgebirgen so häufig anzutreffen, dass sich eine Nennung von einzelnen Lokalitäten erübrigt; die meisten dieser Granite sind während des Oberkarbons entstanden. Bayerischer Wald, Fichtelgebirge, Schwarzwald und Odenwald bieten in vielen noch aktiven Steinbrüchen gute Aufschlüsse und der Harz (s. Abb. 32) mit dem Brocken auch ein überschaubares Beispiel. Hinzu kommen die im Norddeutschen Tiefland verstreuten Vorkommen von Findlingen älterer Granite, die von Gletschern aus Skandinavien herantransportiert wurden.

Im Verlauf einer Gebirgsbildung gibt es eine Phase, in der große Mengen von Schutt schon entstehen, solange das Gebirge noch unter Wasser ist. Nach einem Schweizer Ausdruck nennt man die daraus entstehenden Gesteine Flysch, weil sie heute oft fließen, d. h. zu Rutschungen neigen, wenn es darauf regnet. Das sind Tonsteine und Sandsteine, deren Bestandteile durch große, vom Kontinentalhang abgerutschte Schlammwolken in der Tiefsee (die dem Gebirge vorausging) abgelagert wurden. Daraus sind später Grauwacken entstanden. „Grauwacke" ist ein Bergmannsausdruck aus dem Harz, wo man solche Gesteine zuerst beschrieben hat. Diese Gesteine nenne ich manchmal „dreckige Sandsteine"; sie enthalten nämlich oft auch dunkle Fetzen von Tongesteinen, wodurch sie sich von den helleren Sandsteinen, die ja hauptsächlich aus Quarzkörnern aufgebaut sind, unterscheiden.

30 | *Meganeura*, eine Riesenlibelle mit 60 cm Flügelspannweite aus dem Karbonzeitalter

Gebirgsbildung

Unter einem Gebirge verstehen die meisten Menschen eine markante Erhebung in der Landschaft – im Gegensatz zum Flachland. So könnte man auch die Schwäbische Alb, die aus bretterartig übereinandergestapelten Gesteinspaketen aufgebaut ist, als ein Gebirge auffassen. Geologen meinen aber meist etwas anderes, wenn sie von Gebirgen sprechen – ein Gebirge in diesem Sinne ist wesentlich komplizierter entstanden. Seine Geschichte beginnt mit einem Ozean: Die unterschiedlichen Meeresablagerungen aus Sand, Ton und Kalk sind nacheinander zu manchmal kilometerdicken Schichten aufgetürmt worden, die jüngsten müsste man also eigentlich oben erwarten. In den Faltengebirgen ist diese Ordnung aber meistens gestört, weil die Schichten nach ihrer Bildung noch verformt wurden, was überwiegend durch seitlichen Druck geschah, wie er ähnlich von einem Schraubstock ausgeübt wird. Dabei sind Strukturen entstanden, deren Analyse auch später noch eine Rekonstruktion der Bewegungsabläufe gestattet. Die bekanntesten sind Falten, Deckenüberschiebungen und Brüche, die allesamt zum tektonischen Inventar eines Faltengebirges gehören, wobei uns vor allem die Alpen als geologisch jüngstes Beispiel bekannt sind. Solche Gebirge sind nicht notwendig hohe Berge im Gelände, sondern oft nur noch strukturierte Gesteinsmassen, die sich meist in Form relativ schmaler Gürtel innerhalb der Erdkruste verfolgen lassen. Je älter sie sind, umso schwieriger gestaltet sich ihre Rekonstruktion, weil sie dann schon weitgehend abgetragen und nur noch anhand ihrer Strukturen zu identifizieren sind.

Als ich studierte, musste man sich aus einer Vielzahl von hypothetischen Erklärungsversuchen ein Bild von den möglichen Vorgängen machen. In den Alpen kann man beobachten, dass Schichten gefaltet, zerrissen und zu mächtigen Gesteinsstapeln aufgetürmt sind, zu denen außer den genannten Sedimentgesteinen auch Gneise, Glimmerschiefer und Granite gehören. Anhand von Datierungen mit Fossilien hat man herausgefunden, dass dort manchmal sogar ältere Schichten auf jüngeren lagern, sie mussten also darübergeschoben worden sein. Dieses Phänomen ist die erwähnte Deckenüberschiebung, und es gibt, ebenso wie die Falten, einen Hinweis darauf, dass der Raum, den die Gesteine zuvor eingenommen hatten, sehr stark eingeengt worden sein musste. Das aber war nur mit horizontal wirkenden Kräften erklärbar. Meeresfossilien in Schichten hoch oben auf manchen Bergen gaben aber auch Hinweise auf Vertikalbewegungen von beträchtlichem Ausmaß, die zu dem Hochgebirge geführt hatten, das die Alpen noch heute sind. Die Geophysiker haben nachgewiesen, dass solche Hochgebirge auch besonders tiefe Wurzeln haben, dass sie also infolge ihres Gewichts in den darunterliegenden Erdmantel eintauchen. Die Frage nach den seitwärts schiebenden Kräften blieb zunächst der Spekulation überlassen. Fast alle Erklärungsversuche hatten aber bereits von Strömungen im Untergrund gesprochen, wie wir sie heute im Sinne der Plattentektonik verstehen.

Mit der Plattentektonik sind wir in der Lage, die gebirgsbildenden Prozesse besser zu verstehen und in einen sinnvollen Zusammenhang mit den meisten geologischen Vorgängen zu stellen, die das „Antlitz der Erde" (Eduard Suess 1885–1909) geformt haben. Danach bewegen sich starre Lithosphärenplatten auf Gesteinen eines zähplastisch fließenden Erdmantels, der sie huckepack transportiert. Bei Kollisionen solcher horizontal bewegten Platten werden diese vor allem an ihren Rändern gestaucht, wobei die zuvor darauf abgelagerten Sedimentstapel gefaltet und überschoben werden. Heute bezeichnen wir solche Bereiche als Subduktionszonen, in denen die basaltische Ozeankruste zusammen mit den darauf abgelagerten Sedimenten auf schräg verlaufenden Bahnen ähnlich einem Brett unter die Kontinente abtaucht. Wenn diese „Pakete" sehr tief herabgezogen werden, dann können ihre Gesteine sogar aufgeschmolzen werden. Schmelzen sind meistens leichter als Gesteine und können deshalb aufsteigen, innerhalb der Erdkruste zu granitähnlichen Tiefengesteinskörpern erstarren oder als explosive Vulkane an der Oberfläche austreten.

Im oberen „Stockwerk" dagegen herrscht mechanische Beanspruchung vor: Beim Abtauchen der ozeanischen Platte, die wegen ihres basaltischen Unterteils schwerer ist als kontinentale Gesteine, wird deren Sedimentfracht nicht nur gestaucht, sondern manchmal auch abgeschabt und in kleinere Schollen zerlegt.
Damit kann uns die Plattentektonik also die Falten, Überschiebungen und Brüche in den Gebirgen erklären, aber auch die granitischen Gesteinskörper in deren tieferem „Stockwerk", die allerdings erst sichtbar werden, wenn die Deckschichten abgetragen sind. So kommt es, dass man in den älteren Gebirgssystemen meist mehr Granite und Gneise findet als in den jüngeren; die Gneise sind bei der Umbildung von Gesteinen eine Vorstufe für Schmelzen, die erst bei sehr tiefer Versenkung entstehen.
In Europa z.B. lassen sich entsprechende Gebirge aus drei unterschiedlichen Zeiten beobachten: Wir sprechen von der Kaledonischen, Variskischen und Alpidischen Ära.
Die nach dem römischen Caledonia (für Schottland) benannte Kaledonische Gebirgsbildung erfasste Meeresablagerungen, die vom Kambrium bis ins Silur reichten. Die Gebirge, die sich von Spitzbergen über Ostgrönland und Skandinavien, die Britischen Inseln, die Bretagne und Teile der Iberischen Halbinsel bis nach Nordwestafrika erstrecken und schließlich Neufundland und Teile der Appalachen umfassen, wurden nachfolgend abgetragen und ihr Schutt gelangte im Laufe des Devons in einen neu entstehenden Ozean, der seinerseits die Vorstufe für das Variskische Gebirge bildete. Das Variskische Gebirge bestimmt ganz wesentlich die meisten unserer Mittelgebirge, aber auch Teile der Appalachen und Nordwestafrikas. Es wurde hauptsächlich während des Oberkarbons strukturiert und deshalb spricht man gelegentlich auch von den „Karbonischen Alpen". Gleich nach der Faltung begann auch schon wieder die Abtragung, deren Zeugen hauptsächlich in den Schuttmassen der Rotliegendzeit erhalten sind.

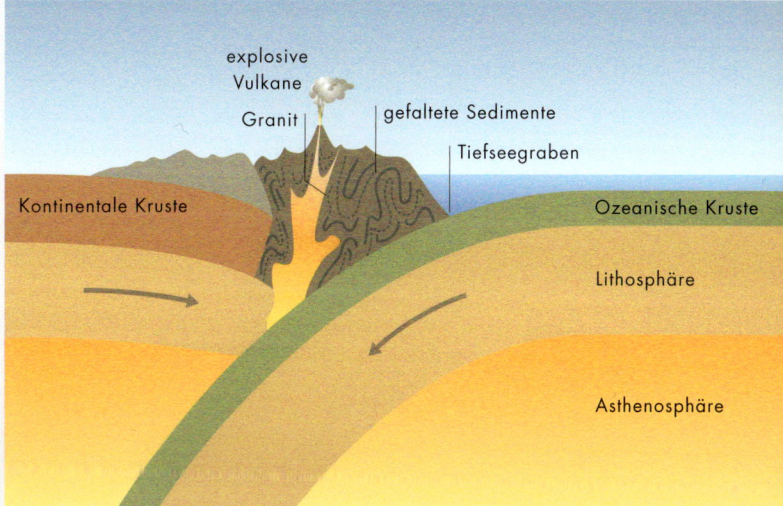

31 | Schematische Darstellung einer Subduktionszone. Die – hier von rechts kommende – Lithosphärenplatte mit der schweren ozeanischen Kruste taucht unter die leichtere kontinentale Kruste ab und schiebt dabei die zuvor aufgelagerten Sedimente zu einem Faltengebirge zusammen. In den tieferen Bereichen schmelzen die Gesteine; die dabei entstehenden Magmen erstarren entweder zu granitähnlichen Plutoniten oder eruptieren als explosive Vulkane.

Die Alpidischen Gebirge leiteten die bisher jüngste Ära ein: Von der Kreidezeit bis ins Tertiär hinein sind alle wesentlichen heutigen Hochgebirge entstanden, an denen man das gesamte Inventar geologischer Zeugnisse verfolgen kann. Die Vorbereitung begann hier mit den Meeresablagerungen der Trias, deren Kalke und Mergel ganz wesentlich die hellen Bergzüge der Kalkalpen oder der Dolomiten aufbauen. Hier war ein anfangs vielleicht 1000 km breiter Ozean auf etwa 100 km eingeengt worden und ein Teil seiner früheren Kruste muss bei der Subduktion verschluckt worden sein. Aber auch diese jungen Gebirge werden heute bereits wieder fortlaufend zerstört und abgetragen.

Erst wenn ein Gebirge teilweise aus dem Meer herausgehoben wird, kommt es zu einer verstärkten Abtragung: Der dabei gebildete Schutt (Molasse) wird in das Vorland verfrachtet. Damit beginnt die Zerstörung des Gebirges, die wir bis heute auch an Muren-Abgängen und dem Geröll, das die Flüsse heraustransportieren, z. B. in den Alpen beobachten können.

Im jüngeren Karbon war verstärkt Basaltmagma an der Erdoberfläche ausgeflossen, das aus tiefgreifenden Spalten direkt aus dem Erdmantel kam. Eigentlich begann mit diesen Spalten schon wieder die Zerstörung der großen Landmasse, die zuvor durch die Variskische Gebirgsbildung zustande gekommen war. Auch das Klima veränderte sich, was man u. a. daran erkennen kann, dass die tropische Pflanzenwelt der Steinkohlenwälder nach und nach durch eine Trockenvegetation abgelöst wurde. Auf den Südkontinenten (Afrika, Südamerika, Indien, Australien und in der Antarktis, die man zusammen als Gondwanaland bezeichnet) herrschte im jüngeren Karbon schon wieder eine Eiszeit, die in ihren Auswirkungen bis in unsere Gegend hinein wirksam war. Das Abschmelzen der Gletscher hat immer wieder zu einem Anstieg des Meeresspiegels geführt, der auch die ständig wiederholte Neubildung und Überflutung der Küstensümpfe steuerte.

32 | Durch die Verwitterung in Blöcke gespaltener und gerundeter Granit im Oberharz

Perm – Salz in rauen Mengen

Im nachfolgenden Perm, das nach einem alten Königreich im Vorland des Ural-Gebirges so benannt wurde, entstand bei uns eine Landschaft, die ganz anders aussah als die der tropischen Steinkohlenwälder. Die altertümlichen Karbonpflanzen wurden zunehmend durch größere Schachtelhalme (s. Abb. 33) und Koniferen abgelöst, die mit dem trocken gewordenen Klima besser zurechtkamen.

Man muss sich aber erst einmal deutlich machen, was da alles passierte: Das Variskische Gebirge wurde schon wieder abgetragen. Der meist rote Schutt enthält eine Menge Gneis und Granit, aber auch Rhyolith und große Quarze, die aus Gang- und Kluftfüllungen stammen. Viele dieser Komponenten sind noch eckig, was darauf hinweist, dass sie nicht weit bewegt worden sind. Den damaligen Verhältnissen entsprechende Bedingungen kann man heute in vielen Wüstengebieten antreffen, wo in den die meiste Zeit über trockenen Wadis auch solcher Schutt herumliegt. Dass dort selbst größere Gesteinsblöcke transportiert werden, kann man erleben, wenn in ganz kurzer Zeit so viel Regen fällt wie sonst im ganzen Jahr. So etwas nennt man Ruckregen und der kommt meist überraschend – man sollte also in Wadis nicht zelten, weil man sonst selbst in der Wüste ertrinken kann.

Der rot gefärbte Schutt der Permzeit, der wesentlich aus Sand und Geröll, aber auch Ton zusammengesetzt war, ist später zu viele hundert Meter dicken Gesteinspaketen verfestigt worden. Die Tröge, in denen er sich ansammelte, sanken in der Spätphase der Gebirgsbildung weiter ein und dieses Absinken wurde durch den nachgelieferten Verwitterungsschutt wieder ausgeglichen.

33 | Der rezente Riesen-Schachtelhalm *Equisetum telmateja* kann bei einem Stammdurchmesser von 20 cm bis zu 1,60 m hoch werden und ähnelt auch dadurch seinen fossilen Ahnen. Südwestlich Bad Feilnbach

34 | Großräumige Schrägschichtung, als Unterwasser-Dünen interpretiert, in Rotsandsteinen des obersten Rotliegend. Alter Steinbruch zwischen Langenlonsheim und Guldental im Nahegebiet

Außerdem gab es damals einen sehr intensiven Vulkanismus, durch den viele der sog. Porphyre entstanden (die wir heute Rhyolithe nennen); man kann sie u. a. am Donnersberg in der Pfalz oder am Rotenfels bei Bad Münster am Stein beobachten: helle Gesteine, in denen oftmals noch an den Strukturen erkennbar ist, dass die Schmelzen sehr zäh waren.

Der untere Teil des Perms heißt wegen der roten Gesteinsfarben Rotliegend (s. Abb. 34). Der obere Teil heißt Zechstein; in dieser Zeit sind unter dem herrschenden Trockenklima mächtige Salzlagerstätten entstanden, die im Untergrund von Norddeutschland und unter der Nordsee vorkommen, wo sie für viele geologische Vorgänge bis heute maßgeblich sind (s. Karte Abb. 35).

Die Bezeichnung Zechstein stammt aus dem Mansfelder Land am östlichen Harzrand, wo die Bergleute über 800 Jahre lang Kupfererze gegraben hatten, die ein weniger als einen halben Meter dickes Flöz bilden. Als sie mit der Spitzhacke dieses Flöz abbauten, lagen sie auf dem Rotliegend (ohne Erz, deshalb nannten sie es rotes totes = erzfreies Liegendes, daher dann später Rotliegend) und über sich, im Hangenden des Erzes, „zähches" (d. h. zähes) Gestein, eben Zechstein (zu dem auch das Erz selbst gehört). Eine andere Deutung sagt, dass das Wort von den Zechenhäusern abgeleitet sei.

Halten wir also einmal fest, dass es zur Permzeit bei uns ziemlich warm und trocken gewesen ist und dass es zeitweise auch explosive Vulkane gegeben hat. Auf der Erde bestand damals noch immer die große zusammenhängende Landmasse, die durch die variskische Gebirgsbildung entstanden war. In deren Innerem gab es größere Dünengebiete mit entsprechenden Sedimenten, zu denen z. B. auch rote Sandsteine in der Schichtenfolge des Grand Canyon (s. Abb. 36) gehören.

Das sind keine besonders günstigen Verhältnisse für die Überlieferung von Fossilien. Auch Meerestiere hatten in dem salzigen Wasser, das die permischen Flachmeere kennzeichnet, keine günstigen Lebensbedingungen. Man muss also auf der damaligen Erde nach Bedingungen suchen, unter denen „normale" Organismen gedeihen konnten. Dazu gehören u. a. Riffbereiche, die von Algen und Moostierchen beherrscht wurden, oder nicht ganz so salzige Flachmeere, in denen dann auch Brachiopoden leben konnten. In besonders warmen Meeresbereichen lebten Einzeller mit großen, vielkammerigen Kalkgehäusen, die man Großforaminiferen nennt. Im Unterschied zu den normalen Foraminiferen, deren Schalen nur 0,5 bis wenige Millimeter messen, waren sie oft mehrere Zentimeter groß. Außerdem gab es immer noch altertümliche Kopffüßer und Korallen. Im Perm lebten auch die letzten Tri-

35 | Salzlagerstätten im Untergrund von Norddeutschland

36 | Der Grand Canyon erschließt mit seinen Gesteinen Milliarden Jahre Erdgeschichte. Hier sind im Wesentlichen die während des Erdmittelalters unter trockenem Klima gebildeten roten und gelben Sedimentgesteine zu sehen.

lobiten der Erdgeschichte. Unter den Brachiopoden fällt ein Tier auf, das mit seinen langen Stacheln auf der Schale aussah wie ein lanzenstarrender Krieger; man hat ihm den lateinischen Namen *Horridonia horrida* gegeben, da hört man den Horror förmlich heraus.

Die Funktion der Stacheln ist aber ganz harmlos gewesen, sie dienten wohl nur dazu, das Tier bei Wellenbewegung (Flachmeer!) auf dem Untergrund festzuhalten. Ähnliche militaristische Deutungen könnte man auch für den permischen Saurier *Dimetrodon* (s. Abb. 37) versuchen, der mit einem hohen Segel auf seinem Rücken ausgestattet war.

Wofür diesem etwa 2 m langen Raubtier das Segel eigentlich diente, ist bis heute unklar, man denkt aber daran, dass eine zwischen den Knochen aufgespannte Haut die Oberfläche für das Sonnenbad der Tiere vergrößert hatte, wodurch es sich schneller erwärmen konnte als seine Umgebung. Neben diesen großen Tieren gab es auch im Festlandsbereich ganz kleine: Im Schlamm austrocknender Binnenseen sind nämlich manchmal sogar die Fährten von Insekten erhalten geblieben, was man z. B. in den Rotliegend-Ablagerungen im rheinhessischen Nierstein beobachtet hat.

Am Ende des Perms kam es zum größten Massenaussterben der gesamten Erdgeschichte. Das war, nach jenem am Ende des Ordoviziums und dem im Oberdevon, nun schon das dritte und die Statistiken zeigen, dass damals etwa 75–90 % aller Tierarten ausgestorben sind. Die Forscher rätseln bis heute über die Ursache; es ist aber ziemlich wahrscheinlich, dass auch in diesem Fall eine

Abkühlung des Klimas die wesentliche Rolle gespielt hat: Betroffen waren nämlich zunächst die tropischen Riffgemeinschaften, die sich in den Tethysraum zurückzogen, ehe sie ganz abstarben; auch diese Ereignisse zogen sich über einen Zeitraum von ein paar Millionen Jahren hin. Erstmals waren auch Landwirbeltiere beteiligt, von denen die größeren Formen zuerst ausstarben, wahrscheinlich weil sie nicht mehr genügend Nahrung finden konnten, während kleinere noch weiterexistierten. Außer den Befunden an den Fossilien gibt es auch Hinweise auf Gletscher, die ihre Geschiebe als „dropstones" in Südaustralien und auf der Breite von Sibirien hinterlassen haben; die große Landmasse von Gondwana reichte damals also von Pol zu Pol.

37 | *Dimetrodon*, ein früher Dinosaurier aus dem Perm. Ein über den Rücken ausgespanntes Segel diente wahrscheinlich dem Temperatur-Ausgleich. Das abgebildete Skelett steht im Royal Tyrell Museum of Paleontology in Drumheller, Alberta, Kanada.

ERDMITTELALTER

Trias – Eine Dreiheit aus deutschen Landen

Mit der Trias beginnt das Erdmittelalter (Mesozoikum), eine ganz neue Zeit, vor allem wenn man die Baupläne der Tiere betrachtet, die nach der erwähnten Aussterbekatastrophe eine neue Stufe der Evolution zu erklimmen begannen. Die Sedimente sahen anfangs noch ähnlich aus wie die des Perms, jedenfalls auf den Kontinenten, die noch immer zu einer großen Landmasse vereinigt waren. Dort gab es überwiegend rote Sandsteine, die für ein weiterhin trockenes Klima sprechen. Bei uns ist das an den Gesteinen des Buntsandsteins deutlich, der in ganz Deutschland verbreitet ist. „Trias" bedeutet Dreiheit und die Trias besteht dementsprechend aus den Einheiten Buntsandstein, Muschelkalk und Keuper.

Buntsandstein – Wüste in Deutschland?

Der Buntsandstein ist eine Bildung des Festlandsbereichs. Seine vorwiegend rot gefärbten Ablagerungen sind meistens durch Flüsse transportiert worden, die im vorherrschenden Trockenklima aber nicht immer Wasser führten. Die Pflanzen vor allem waren an ein solches Klima angepasst und es gab damals nur verhältnismäßig wenige Wirbeltierarten, von denen *Chirotherium*, ein Reptil, das „Handtier" (s. Abb. 40), das bekannteste ist; leider kennt man nur seine Fährten, die einer menschlichen Hand ähnlich sehen (daher sein Name).

Die Pflanzen waren überwiegend große Schachtelhalme und Koniferen; sie hatten zwar andere Namen, aber manche von ihnen sahen unseren heutigen Nadelbäumen schon sehr ähnlich. Eine ganz besonders charakteristische Pflanze der Buntsandsteinzeit, die noch zu den Bärlappern zählt, war die 1–2 m hoch gewachsene *Pleuromeia* (s. Abb. 38), die wohl ähnlich wie die Kakteen in heutigen Trockengebieten größere Mengen Wasser in ihrem Stamm speichern konnte.

Es ist immer wieder behauptet worden, der Buntsandstein sei eine reine Wüstenbildung. Das stimmt so aber nicht ganz, denn die Hauptmasse seiner Sedimente ist durch fließende Gewässer transportiert worden, die sie vom Schwarzwald und vom französischen Zentralmassiv bis in den Nordseeraum verfrachteten. Das waren neben zeit-

Das Erdmittelalter

Nicht ohne Grund gibt es eine scharfe Grenze zwischen dem Erdaltertum und dem Erdmittelalter (Mesozoikum); sie ist durch ein Massenaussterben bedingt, dem vor etwa 250 Millionen Jahren ungefähr 90 % aller Organismen zum Opfer gefallen sind. Die Formen des Erdmittelalters, die die dadurch leer gewordenen Nischen besetzten, weisen viele grundlegend veränderte Baupläne auf. Die entsprechend definierten Systeme heißen Trias, Jura und Kreide. Die Trias ist das einzige erdgeschichtliche System, das in Deutschland aufgestellt wurde; die weitergehende Gliederung unterscheidet Buntsandstein, Muschelkalk und Keuper und bezieht sich auf deren wesentliche Gesteine. Der nachfolgende Jura hat seinen Namen vom Schweizer Jura bekommen und die Kreide von den weißen Kalken.

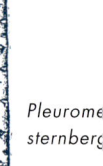

Pleuromeia sternbergi

38 | *Pleuromeia*, eine charakteristische Pflanze des Buntsandsteins

weise ständig Wasser führenden Flüssen auch solche, die nur episodisch geflossen sind, was man an den Sedimentstrukturen erkennen kann, die für sog. Zopfmusterflüsse charakteristisch sind; bei denen kann sich die Fließrichtung kurzfristig ändern, wenn im Einzugsgebiet neuer Regen fällt. Daneben existierten auch episodisch austrocknende Tümpel, in denen eher toniger Schlamm abgelagert wurde. Wenn dieser austrocknete, kam es zur Bildung von Trockenrissen, die dann mit Sand ausgefüllt werden konnten. Weil der später zu Sandstein verhärtete Sand fester ist als der Ton, können solche Strukturen in Form von Netzleisten (s. Abb. 39) erhalten bleiben.

In solchen Tonschlamm-Ablagerungen hat das *Chirotherium* seine Fährten hinterlassen. Reine Dünenbildungen, die es auch gibt, sind eher selten zu finden. Wenn die Flüsse den schon manchmal leicht verfestigten Tonschlamm erodierten, formten sie daraus flache Gerölle, die man oft in den Sandsteinen eingelagert finden kann; sie sind meist nicht einmal gut gerundet, was darauf hinweist, dass sie nicht weit transportiert wurden.

39 | Netzleisten, durch Sand ausgefüllte Trockenrisse im Buntsandstein des Neckartals

Muschelkalk – Kalk und Salz

Während der Zeit des auf den Buntsandstein folgenden Muschelkalks war in Süddeutschland das Wasser eines Meeres aus dem Alpenraum in das nördliche Binnenland

40 | Fährten des „Handtiers" *Chirotherium*, deren Verursacher man nicht kennt.

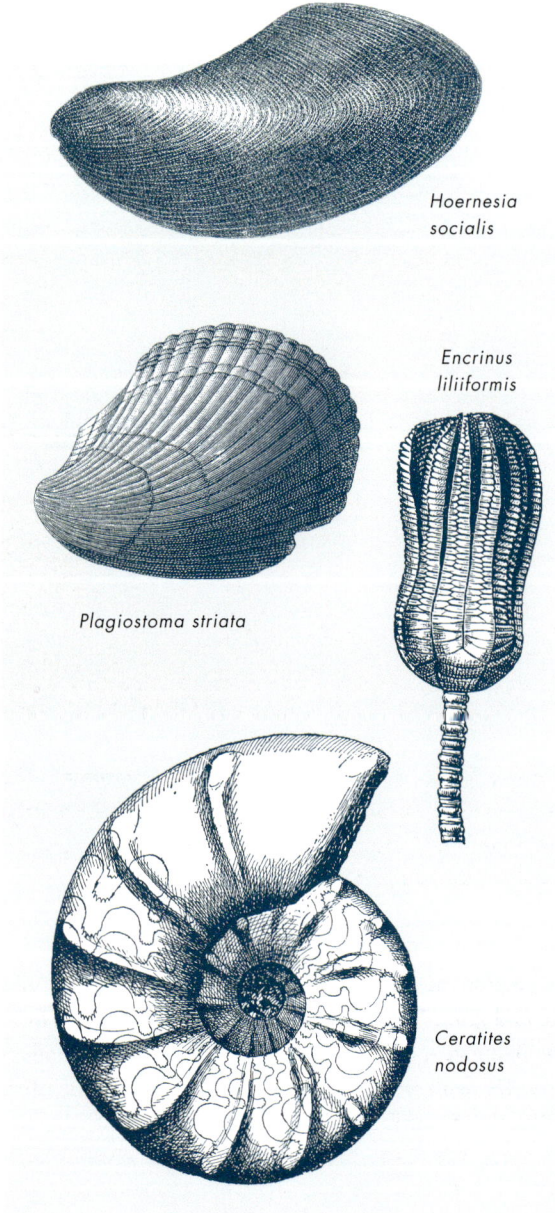

41 | Muscheln (*Plagiostoma striata, Hoernesia socialis*), Kopffüßer (*Ceratites nodosus*) und Seelilien (*Encrinus liliiformis*) aus der Trias

vorgedrungen und hatte dort Kalk und Ton abgesetzt; in den Gesteinen kann man oft Fossilien (s. Abb. 41) finden: Neben den namengebenden Muscheln waren das vor allem Brachiopoden, aber auch neue Formen von Kopffüßern, die jetzt Ceratiten heißen, und viele Seelilien, von denen man ganze Kronen finden kann, und Stiele, die oft schon in ihre Einzelteile zerfallen sind; deren Bruchflächen glitzern, wenn man die Kalksteine zerschlägt, weil sie aus relativ großen Kalkspatkristallen bestehen. An den Ceratiten lässt sich der Fortgang der Evolution besonders schön deutlich machen, weil sie mit weniger Baumaterial eine höhere Festigkeit ihrer Gehäuse erreicht hatten.

Die kalkigen Sedimente zeigen eine große Vielfalt an Strukturen, aus denen man den Ablagerungsraum rekonstruieren kann. Zur Zeit des Unteren Muschelkalks bestand danach eine Art von kalkigem Wattenmeer mit Schlammflächen und Prielen, in denen schneller strömendes Wasser auch groben Muschelschill transportieren konnte. Es gibt viele Wühlspuren von bodenlebenden Organismen, was zu einer unruhigen Schichtung geführt hat: Danach hieß der Untere Muschelkalk früher „Wellenkalk"; heute Jena-Formation. Die Kalksteine und Mergel sind nämlich im Stadtgebiet und am dortigen Saale-Ufer besonders charakteristisch ausgebildet und die Profile durchgehend aufgeschlossen.

In manchen Schichten liegen ganze Trümmerhaufen von Kalksteinbrocken, deren Entstehung man auf Sturmflutereignisse zurückführt, die den allgemein sehr flachen Meeresbereich bis zum Grund aufgewühlt hatten. Zusammengerutschte Schichten mit sehr charakteristischen

42 | *Tanystropheus*, der „Giraffenhalssaurier", verdankt seinen langen Hals besonders langgestreckten Wirbeln. Rekonstruktion im Park-Zoo von Calgary, Kanada

Oberflächenstrukturen lassen sich wahrscheinlich mit Erdbeben zu dieser Zeit erklären.

Während des Mittleren Muschelkalks muss das binnenländische Becken eine Zeitlang vom offenen Meer im Süden abgeriegelt worden sein; dabei waren Lagunen entstanden, in denen das Meerwasser verdunsten und seine Salzfracht absetzen konnte. Dieses Muschelkalksalz wird heute noch bergmännisch in der Umgebung von Heilbronn gewonnen.

Erst im Oberen Muschelkalk kam dann das Meer wieder ungehindert zurück und brachte vor allem Ceratiten und Seelilien aus dem südlichen Alpenraum mit. Es bestimmte die Verhältnisse bis zum Anfang der dritten Abteilung der Trias, die nach ihren meist lettenartigen Gesteinen Keuper heißt.

Keuper – Bunte Mergel und Sandsteine

Keupergesteine sind bunt, es gibt gelbe Sandsteine und rote und grüne Tonsteine, alle sind überwiegend festländische Bildungen, auf die das Meer nun kaum noch Einfluss hatte. Dementsprechend gibt es nur wenige Tierfossilien und auch eine eher spärliche Pflanzengesellschaft, was mit dem meist trockenen Klima dieser Zeit zusammenhängt. Man hat in letzter Zeit aber an einzelnen Orten doch große Ansammlungen von Fossilien gefunden, die regelrechte Fossil-Lagerstätten bilden; dazu gehört auch der beim Bau der Autobahn erschlossene Fundplatz Kupferzell, wo zahlreiche gut erhaltene Saurierskelette ausgegraben wurden (*Mastodonsaurus, Nothosaurus, Tanystropheus* – s. Abb. 42). Unter den Wirbeltieren des Keupers gilt der *Mastodonsaurus giganteus* (s. Abb. 43) als das größte weltweit bekannte Amphibium. Sein Artname weist schon auf die gigantische Größe hin, allein die Schädel waren bis zu einen Meter lang. Er hat Fische gefressen, von denen vor allem die Zähne erhalten geblieben sind. Solche Zähne hat es auch schon im Muschelkalk gegeben; sie sind auffällig durch ihre schwarz glänzende Farbe (Zahnschmelz), die sie von den meist hellgrauen Kalksteinen deutlich abhebt.

Die Korngrößen der Triasgesteine zeigen einen interessanten Trend: Im Buntsandstein überwiegen Sandsteine, aber es gibt darin auch immer wieder Geröllschichten. Im Keuper dagegen ist das Material meist viel feiner, obwohl es auch hier Sandsteine gibt, deren Körner von schneller fließenden Flüssen transportiert worden waren. Wenn man dann noch bis ins Perm zurückgeht, wird man überwiegend grobkörnigem Schutt begegnen. Aus dieser Abnahme der Korngrößen durch die Zeit lässt sich folgern, dass die Abtragung des Variskischen Gebirges ständig fortgeschritten war: Die hohen Berge der Anfangszeit sind allmählich flacher geworden und damit stand weniger Gefälle, d. h. weniger Transportenergie zur Verfügung. Das meiste war durch Flüsse transportiert worden, die nun zunehmend träger flossen. Im Keuper sind dann auch häufiger Binnenseen erkennbar und viel von dem feinkörnigen Tonmaterial ist vom Wind über weite Ebenen verblasen worden, sodass manche Sedimente dem Löss der quartären Eiszeiten ähnlich sind. Nur ganz kurzzeitig war auch hin und wieder das Meer auf diese flachen Ebenen zurückgekehrt und hat Kalksteine mit Fossilien hinterlassen.

Im Süden, im Alpengebiet, war aber alles anders. Von dort war das Meer schon in der Muschelkalkzeit auf das nördlich davon gelegene Festland übergeschwappt. Dieses südliche Meer war so etwas wie ein Vorläufer unseres heutigen Mittelmeers und aus seinen Ablagerungen bestehen im Wesentlichen die Kalkalpen. Man nennt das die „alpine" Trias, um sie von der gerade besprochenen Trias aus Buntsandstein, Muschelkalk und Keuper zu unterscheiden, die mit dem Begriff „germanische" Trias bezeichnet wird (was zwar ihr Hauptverbreitungsgebiet kennzeichnet, es gibt die gleiche Ausbildung aber auch in Frankreich und Spanien).

In Schichten der alpinen Trias kann man die ganze Artenfülle von Meeresfossilien finden, zu denen Algen, Kopffüßer, Brachiopoden, Korallen, Stachelhäuter und viele andere gehören; damit kann man die Schichten viel besser gliedern als die der germanischen Trias. Außerdem lässt sich daran wieder besonders gut die Evolution verfolgen, die nach dem großen Massenaussterben am Ende des Perms neuen Schwung bekam. Bei den Kopffüßern änderten sich die Verstärkungen der Gehäuse, sodass man sie deutlich von denen des Erdaltertums unterscheiden kann.

Schädeldecke
(hier ca. 70 cm lang)

43 | *Mastodonsaurus giganteus*: Er gilt unter den Wirbeltieren des Keupers als das größte weltweit bekannte Amphibium.

44 | *Megalodon*, eine große Muschel aus der alpinen Trias, deren dicke Schalen aussehen wie die Fußstapfen von Kühen, weshalb man sie auch „Kuhtritte" nennt.

Ganz ähnlich ist das technische Prinzip bei den Korallen, die nun eine andere Symmetrie bekamen: Durch die Einschaltung zusätzlicher Wände (Septen) wird ihr Skelett mit weniger Masse an Baumaterial zugleich stabiler. Die Brachiopoden entwickelten neue Familien und auch die Muscheln und Schnecken hatten andere Formen herausgebildet, so viele verschiedene, dass ich sie hier nicht aufzählen kann. Erwähnen will ich aber die Muschel *Megalodon*, deren besonders dicke Schalen in bestimmten Gesteinen der Alpen aussehen wie die Fußstapfen von Kühen, deshalb nennt man sie manchmal auch „Kuhtritte" (s. Abb. 44).

Vor allem in den Kalkalpen kann man sehen, dass alle diese Tiere, im Zusammenwirken vor allem mit den immer daran beteiligten Kalkalgen und auch zusammen mit Stachelhäutern (Seelilien, Seeigeln, Seesternen), die mächtigen Kalkkomplexe aufgetürmt hatten, die dem Gebirge seinen Namen gegeben haben. Deutschlands höchster Berg, die Zugspitze (s. Abb. 45), besteht aus Triaskalken und das gilt wesentlich auch für alle anderen höheren Berge der Nördlichen Kalkalpen und der Dolomiten. Vieles davon sind Riffbildungen, wie wir sie, allerdings unter Beteiligung anderer Kalkorganismen, auch schon im Zusammenhang mit dem Erdaltertum erwähnt hatten.

45 | Die Zugspitze, Deutschlands höchster Berg, ist wesentlich aus Kalken der Trias aufgebaut.

Jura – Dorado für Fossiliensammler

Während in den Meeren, aus deren Ablagerungen später die Alpen entstanden, die Sedimentation auch in der Folgezeit kontinuierlich weiterging, war im Gebiet der germanischen Trias ein plötzlicher Wechsel eingetreten: Die zur Keuperzeit noch festländischen Gebiete wurden wieder vom Meer überflutet; dieser Abschnitt der Erdgeschichte wird nach dem Juragebirge, das von Franken bis in die Schweiz reicht, Jura genannt. In vielen Teilen der Erde hatte damals das Meer durch Überschwemmung die Landgebiete zurückerobert, weil der Wasserspiegel besonders hoch gestiegen war.

Juraschichten sind für die meisten Fossiliensammler der Himmel auf Erden, weil in manchen Schichten die Gesteine fast nur aus Ammoniten (s. Abb. 46) bestehen. Die Evolution hatte inzwischen einen dritten Typ von Gehäusen (s. Abb. 3) entstehen lassen, in dem die Kammern durch hochkompliziert gebaute Wände voneinander getrennt sind.

Zunächst sollten wir uns aber die Gesteine anschauen, weil schon in der Landschaft der Wechsel ihrer Farben auffällt: am meisten natürlich die hellen Kalksteine, die die Höhen der Schwäbischen und Fränkischen Alb kennzeichnen. Man kann diese Felsen, die oft Steilwände bilden, manchmal schon von weitem erkennen, z. B. wenn man auf der Autobahn von Stuttgart nach München fährt.

Unterhalb dieser hellen Kalke, die zum Oberen Jura gehören, sind die wegen der weicheren Gesteine flache-

46 | Lebensbild des Jura-Meeres, das die Delphinen ähnlichen Ichthyosaurier und einen am Meeresboden grabenden Ammoniten neben Algen zeigt.

47 | Ichthyosaurier-Muttertier, 300 cm lang, mit fünf Embryonen im Leib, ein Embryo wurde nach dem Tod der Mutter aus dem Leib herausgepresst und neben ihr eingebettet.

ren Hänge in Schwaben und Franken oft mit Obstbäumen bestanden. Sie gehören in den Mittleren Jura und bestehen überwiegend aus Mergeln und Sandsteinen, die durch Eisenhydroxid braun gefärbt sind. In manchen Gegenden ist so viel Eisen in den Gesteinen konzentriert worden, dass man von Erzen sprechen muss (Brauneisenerz). Dieses Erz wurde früher in Bergwerken abgebaut, die heute für Besucher wieder zugänglich sind, z. B. in Aalen oder an der Weser in Nähe der Porta Westfalica.

Besonders reiche Vorkommen gab es in Lothringen. Die Eisenerze sind meist aus stecknadelkopfgroßen Körnchen zusammengesetzt, wie man sie ähnlich bei den Kalken als Ooide beobachten kann. Sie zeigen durch ihren schaligen Aufbau eine Entstehung in ganz flachem, stark bewegtem Wasser an, was darauf hinweist, dass sie in der Nähe von Küsten gebildet worden sein müssen.

Noch tiefer unten in der Jura-Schichtfolge begegnen uns dunkle, oft schwarze Tonsteine, die in der Landschaft nur dadurch auffallen, dass sie ebene Felder bilden: Die dementsprechend „Filder" genannte Landschaft liegt im Vorfeld der Schwäbischen Alb, wo der Filderkohl wächst.

Mit den schwarzen, braunen und „weißen" Farben (die eher gelblich sind) der Gesteine können wir, noch ganz ohne Fossilien, den Jura schon einmal grob unterteilen: Man sagt Schwarzjura, Braunjura und Weißjura. Es gibt aber auch ältere Bezeichnungen wie Lias, Dogger und Malm oder Unterer, Mittlerer und Oberer Jura usw. Wir wollen hier bei den Farbbezeichnungen bleiben, weil sie auch dem wissenschaftlich noch nicht vorgebildeten Wanderer verständlich sind.

Der nächste Schritt zur Gliederung ist dann die Suche nach Fossilien. Zum Glück liegen die Schichten in der Schwäbischen Alb, die ich hier als Beispiel behandle (weil da alles einmal angefangen hat), vollkommen ungestört übereinander, unten liegt immer das Ältere. Wenn man die Schichten durchklopft, findet man in diesem Übereinander immer wieder andere Formen von Fossilien und das zeigt sehr schön, wie bestimmte Arten ausgestorben sind und durch neuere, die gleichzeitig jünger waren, abgelöst wurden. Die wichtigsten Fossilien für die Schichtengliederung im Jura sind die Ammoniten, aber Brachiopoden und Muscheln spielen dabei auch eine große Rolle. Die Schichten enthalten außerdem noch weit mehr Fossilgruppen, die die Lebewelt der damaligen Meere deutlich machen. Zu ihnen gehören Belemniten („Donnerkeile"), Schnecken, Stachelhäuter und einige der spektakulärsten Wirbeltiere der gesamten Erdgeschichte. Die schönsten Funde von Seelilien und Meereswirbeltieren stammen aus dem Schwarzjura von Holzmaden, wo sie im Museum Hauff bewundert werden können; an der Autobahn von Stuttgart nach München steht ein Schild, das auf die „Urweltfunde" mit dem Skelett eines Meereskrokodils hinweist.

Im Museum sieht man dann die Gesteinsplatten mit den meterlangen Stielen der Seelilien und deren Kronen, vor allem aber die Fischsaurier (Ichthyosaurier – s. Abb. 47), die ihre Jungen schon lebend zur Welt brachten, und daneben Massen von Muscheln, die frühere Forscher einmal Posidonien genannt hatten; danach heißt der Posidonienschiefer noch heute so. Dessen dunkle, tonige Gesteine sind außerordentlich fein geschichtet und verhältnismäßig reich an organischen Substanzen, was sie u. a. zu Erdöl-Muttergesteinen macht. Ihr Ablagerungsmilieu wird mit dem heutigen Schwarzen Meer verglichen, wo ähnliche, sauerstoffarme Verhältnisse am Boden herrschen, die eine Zerstörung der organischen Substanz verhindern. Nicht ganz so sauerstoffarm waren die Verhältnisse, als – auch im Schwarzjura – der sog. Seegrasschiefer entstand; er hat mit Gras nichts zu tun, die Schichten sehen aber so aus: hellere Strukturen im dunklen Ton, die zustande kommen, weil bodenlebende Tiere die organische Substanz verwertet hatten.

Beim Posidonienschiefer spricht man auch davon, dass er aus Faulschlamm entstanden ist, und beim Seegrasschiefer von Halbfaulschlamm, in dem gerade noch Organismen leben konnten; in solchen Milieus wird bei Gegenwart von Schwefel auch Pyrit (FeS_2) gebildet und das erklärt, warum viele der Fossilien aus dem Schwarzjura so golden glänzen.

Natürlich gab es auch Fische im Jurameer; manche, die kleinen Sprotten ähnlich sehen, kann man auf Gesteinsplatten des Weißjuras von Solnhofen gelegentlich massenhaft finden. Aus diesen Schichten stammt auch *Archaeopteryx* (s. Abb. 48), dessen griechischer Name „Urvogel" bedeutet. Bisher hat man von ihm nur neun Skelette und eine einzelne Feder gefunden. Dieser Vogel war etwa so groß wie eine Krähe. Das Wichtigste, dass er noch viele Merkmale von Reptilien hatte, die die späteren echten Vögel im Verlauf der weiteren Evolution verloren

Als die Tiere den Luftraum eroberten

Der „Urvogel" *Archaeopteryx* ist wahrscheinlich das bedeutendste Fossil, das jemals gefunden wurde. Mit seinen Reptilien-Merkmalen und den Federn ist er noch immer das klassische Missing Link zwischen Reptilien und Vögeln, obwohl man inzwischen auch Dinosaurier kennt, die befiedert waren, ohne fliegen zu können. Das Fliegen ist innerhalb der Erdgeschichte mehrfach „erfunden" worden; ganz neu in diesem Zusammenhang sind etwa 125 Millionen Jahre alte Fossilfunde aus der Mongolei von Tieren, die unseren heutigen Flughörnchen ähnelten. Aber schon während des Karbons waren Libellen mit Flügelspannweiten von über 50 cm durch die Schuppen- und Siegelbaumwälder geflattert. Im Jura ist *Rhamphorhynchus* aktiv geflogen, ohne Federn zu besitzen, und der *Pterodactylus* („Flugfinger" – s. Abb. 49) segelte mit einer zwischen einem verlängerten Finger und dem Körper ausgespannten Flughaut. In der nachfolgenden Kreidezeit waren riesige Segelflieger wie *Pteranodon* oder *Quetzalcoatlus* unterwegs. Das Prinzip, mit einer Flughaut zu segeln, beherrschen bis heute die erstmals im Tertiär erscheinenden Fledermäuse, die zu den Säugetieren gehören.

48 | Diese Reste eines Urvogels aus dem bayerischen Solnhofen sind vielleicht der wichtigste Fossilfund aller Zeiten. Mit seinen deutlichen Abdrücken von Federn ist er ein Beleg für die Evolutionstheorie von Darwin und Wallace. *Archaeopteryx* vereinigt in sich Merkmale von Reptilien und Vögeln; damit ist er das entwicklungsgeschichtliche Bindeglied zwischen den beiden Gruppen. Die Vögel betrachten wir heute als Nachfahren der Dinosaurier.

JURA – DORADO FÜR FOSSILIENSAMMLER | 65

49 | Der *Pterodactylus* („Flugfinger") segelte mit einer zwischen einem verlängerten Finger und dem Körper ausgespannten Flughaut.

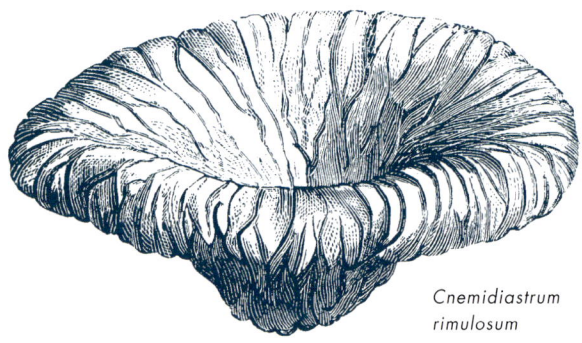

Cnemidiastrum rimulosum

50 | *Cnemidiastrum*, ein vollständiger Schwamm aus dem Weißjura

haben: z. B. Zähne im Schnabel, Krallen an den Fingern und einen Schwanz, der aus einzelnen Wirbeln zusammengesetzt ist. Neben dem *Archaeopteryx* gab es im Weißjura aber noch andere Flieger, die anstelle von Federn Flughäute hatten, die zwischen den Fingern ausgespannt wurden. Diese Tiere stammen auch von den Sauriern, d. h. von Reptilien, ab und die im Exkurs auf S. 64 erwähnten *Rhamphorhynchus*, *Pterodactylus* oder *Pteranodon* sind keine Vögel, sondern Flugsaurier gewesen.

Über diesen schon hoch entwickelten Tieren hätte ich die auch noch wichtigen Meereslebewesen beinahe vergessen, nämlich Korallen, die im Weißjurameer am Aufbau von Riffen mit beteiligt waren, und die primitiven Schwämme, deren Querschnitte man oft auf Fußbodenplatten und Fensterbänken sehen kann.

Schwämme (s. Abb. 50) sind in bestimmten Schichten des Weißjuras besonders häufig, sodass die alten Geologen von einer „Verschwammung" der Schichten und von Schwammriffen gesprochen hatten, die die sonst meist gut geschichteten Sedimente in Form massiger Gesteinskomplexe unterbrechen.

Landpflanzen sind in Meeresablagerungen natürlich zunächst nicht zu erwarten, es gibt aber (auch im Museum Hauff oder im Zementwerk von Dotternhausen bei Balingen ausgestellt) ganze, meterlange Baumstämme, die als Treibholz in das Meer gelangt sein müssen; daran sind gelegentlich Seelilienkolonien festgeheftet.

Kreide – Zeit der weißen Felsen

Gegen Ende der Jurazeit war das Meer bei uns immer flacher geworden und hatte sich schließlich ganz zurückgezogen. So war die folgende Kreidezeit zunächst vor allem durch Sümpfe mit Brackwasser und eine von Flüssen und ihren Deltas bestimmte Landschaft geprägt. Dadurch gab es naturgemäß nicht so viele Fossilien. Die Landpflanzen der Unterkreide waren gegenüber denen des Weißjuras in ihren Bauplänen noch kaum verändert.

Die Kreide heißt zwar so nach dem charakteristischen weichen Kalkstein, aus dem man früher Tafelkreide gemacht hat, aber den gab es erst seit der Oberkreide. Die Gesteine der älteren Unterkreide sind meist Sandsteine und Tone, die in den sumpfigen Gewässern entstanden waren und deren Partikel von Flüssen transportiert wurden. Erst die noch heute weichen Kalke der Oberkreide sind wieder Meeresablagerungen, die hauptsächlich aus den winzig kleinen Skeletten von bestimmten Kalkalgen bestehen. Zusammen mit ihnen lebten in diesen Meeren auch Kieselschwämme und lieferten den aus Kieselsäure (SiO_2) bestehenden Opal, aus dem später die Feuersteine entstanden, die in den Kalken manchmal lagenweise angereichert sind.

Das Meer war also zurückgekehrt und hatte nun wieder eine Menge neuer Lebensformen mitgebracht. Infolge der weiteren Evolution hatten die Tiere ihre Baupläne seit dem Jura wieder einmal verändert, daher gibt es nun u. a. Ammoniten und Belemniten, die typisch für die Kreide sind. Je näher wir uns diese Fossilien ansehen, umso rätselhafter werden sie. Bei bestimmten Muschelfamilien gab es eine geradezu rasante Evolution, die Formen der Klappen veränderten sich mehrmals in nur wenigen Millionen Jahren und manche wurden fast 1 m groß.

51 | Kreidefelsen auf Rügen. Das namengebende Gestein wird wesentlich durch die mikroskopisch kleinen Kalkplättchen von Algen (Coccolithophoriden) aufgebaut; sie bestehen aus Calcit, der nur schwach verfestigt ist. Das Gestein wurde deshalb auch als Schreibkreide verwendet und wegen der Feinkörnigkeit zu Schlämmkreide verarbeitet.

Andere sahen gar nicht mehr aus wie Muscheln, weil sich eine der Klappen zu einem Turm ausgewachsen hatte, auf dem die andere wie ein Deckel draufsaß.

Auch von den Kopffüßern der Kreide ist Riesenwachstum bekannt; manche Ammoniten hatten einen Durchmesser von fast 2 m und unter den Belemniten gab es meterlange Exemplare. Wenn man sich Lobenlinien von Oberkreide-Ammoniten ansieht, dann wird man verblüfft feststellen, dass sie in ihrer Geometrie wieder den älteren Vorläuferformen ähnlich geworden sind, also einfacher gefältelt als bei den „echten" Ammoniten der Jurazeit. Es gibt welche, die wie die der Trias gebaut sind (Ceratiten), und solche, die denen des Erdaltertums gleichen (Goniatiten). Die Evolution war in der Kreidezeit also irgendwie rückwärtsgelaufen und wir wissen bis heute nicht recht warum. Möglicherweise bestand ein Zusammenhang mit den klimatischen Verhältnissen, denn die Kreidezeit war ungewöhnlich warm und es gab damals kein Eis an den Polen. Wegen des dadurch viel höheren Meeresspiegels hatten die Kreidemeere sehr weit auf die Festländer übergegriffen und dieses Meerwasser war auch wesentlich wärmer als das heutige. Eine mögliche Erklärung für diese Erwärmung gibt uns die Tatsache, dass damals in verhältnismäßig kurzer Zeit ungewöhnlich große Basaltmassen gefördert worden waren, was man vor allem am Meeresboden im Pazifischen Ozean festgestellt hat. Man vermutet, dass damals das Magma von ganz tief unten, sogar aus dem Bereich des äußeren Erdkerns, aufgestiegen war.

Vom Festland ist zweierlei sehr Wesentliches zu berichten: Dort hatten sich nämlich die Blütenpflanzen entwickelt und rasend schnell über die Erde verbreitet und außerdem waren die Dinosaurier zu Herrschern der Erde geworden.

Über Dinosaurier ist schon so viel geschrieben worden, dass ich mir hier eine Zusammenfassung darüber

52 | Das Skelett des *Brachiosaurus brancai*, eines der weltweit größten Dinosaurierskelette überhaupt, ist im Naturkundemuseum Berlin aufgebaut zu sehen.

ersparen kann. Es gibt heute nicht nur in vielen Museen ausgestellte Skelette dieser oft riesenhaften Echsen, sondern auch vollkörperliche Nachbildungen. Die größten dieser Tiere waren Pflanzenfresser, mit einem wahrscheinlichen Körpergewicht von etwa 100 Tonnen! Man muss sich vorstellen, welche gigantischen Nahrungsmengen solche Tiere brauchten. Es ist auch nicht leicht zu erklären, wie alle Körperteile mit Blut versorgt werden konnten, vor allem das Gehirn. Man kennt ja keine Weichteile und daher kann man über deren vermutlich riesige Herzen und einen besonders hohen Blutdruck nur spekulieren, indem man heute lebende Tiere zum Vergleich heranzieht: Giraffen haben im Vergleich mit uns Menschen einen dreifach höheren Blutdruck und ein Finnwal hat ein 200 kg schweres Herz, mit dem er 1000 l Blut in der Minute pumpen kann.

Von Dinos sind aber nicht nur Knochen überliefert, sondern auch Ei-Gelege und Fährten, die sich im Gestein erhalten haben. Am besten kann man sich bei uns über solche Tiere im Dinosaurierpark von Münchehagen bei Hannover informieren. In dieser Gegend hatte man zuerst entsprechende Fährten gefunden und danach den Park drumherum angelegt, in dem man jetzt allen gängigen Arten begegnen kann; in den Bäumen sind sogar die großen Flugsaurier aufgehängt, von denen manche bis zu 15 m Flügelspannweite hatten.

Am Ende der Kreidezeit war die Erde dann wieder von einem geradezu spektakulären Massenaussterben betroffen. Den meisten ist davon aber nur bekannt, dass damals, vor 65 Millionen Jahren, die Dinosaurier ausgestorben sind. Tatsächlich sind von diesem Ereignis aber noch viele andere Tiergruppen betroffen gewesen, vor allem die Kopffüßer, die ja im Meer gelebt hatten. Es gibt in den jüngeren Schichten keine Ammoniten mehr; auf deren rückläufige Evolution zu den primitiveren Baumustern früherer Epochen der Erdgeschichte hatte ich schon hingewiesen, sodass man diese Entwicklung auch als Degeneration bezeichnen kann. Das Aussterben kam also nicht so plötzlich, wie das meistens dargestellt wird, sondern es zog sich über mehrere Millionen Jahre hin. Wie schon bei den früheren Aussterbeereignissen (im Ordovizium, Devon und Perm) muss man wohl auch hier eine Klimaveränderung als die wesentliche Ursache annehmen, die die Entwicklung eher langfristig beeinflusst hat. Es wird aber zusätzlich mit dem „großen Knall" argumentiert, dem Absturz eines Meteoriten, dessen Krater man jetzt auf der Yucatán-Halbinsel entdeckt hat und den man gerade weiter erforscht. Außer diesem Krater ist in der Grenzschicht zwischen Kreide und Tertiär inzwischen an vielen Orten der Erde auch das seltene Element Iridium gefunden worden, das in Meteoriten häufiger ist als in irdischen Gesteinen. Die Gegner der „Impakt-Hypothese", wie sie genannt wird, sagen allerdings, dass das Iridium auch aus dem in dieser Grenzzeit besonders intensiven Vulkanismus stammen könnte. Es könnte also sein, dass der Meteorit auf der Erde eingeschlagen war, als sich die Lebewelt aufgrund veränderter Umweltbedingungen ohnehin im Niedergang befunden hatte. Das heiße Treibhausklima der Kreidezeit muss sich auch sehr kurzfristig abgekühlt haben und auf solche Veränderungen reagieren als Erste immer die Landpflanzen. In Nordamerika hat man in der Nähe der Grenzschicht große Mengen an Farnsporen gefunden und Farne kommen mit kühlerem Klima besser zurecht als Blütenpflanzen, die sich im nachfolgenden Tertiär dann allerdings schnell wieder erholt und weiterentwickelt haben.

ERDNEUZEIT

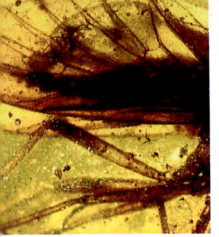

Tertiär – Unser erster Vorfahr erscheint

Im frühen Tertiär war es wieder bald so heiß geworden, dass tropische Pflanzen gediehen und selbst in Deutschland Krokodile und Affen leben konnten. Schon in der Jurazeit fingen die während der Trias noch weitgehend zu einer großen Landmasse vereinigten Kontinente an auseinanderzudriften; damals begann u. a. auch die Entwicklung des Atlantischen Ozeans. Dieser nur plattentektonisch zu verstehende Prozess hatte sich während der Kreide verstärkt und im Tertiär nahmen die Kontinente schon allmählich ihre heutigen Umrisse an.

DIE ERDNEUZEIT

Am Ende der Kreide, vor ziemlich genau 65 Millionen Jahren, gab es erneut eines der großen Massenaussterben, dem u. a. die Dinosaurier zum Opfer fielen. Dadurch war Lebensraum frei geworden, den nun vor allem die Säugetiere einnehmen konnten. Die Erdneuzeit (Neo- oder Känozoikum) wird in zwei Systeme gegliedert: Tertiär und Quartär.

Damit setzte die geologische Neuzeit der Erde ein, in der wir heute noch leben. Wie nach allen anderen Massenaussterbeereignissen entwickelte sich innerhalb der Erdneuzeit (Neo- oder Känozoikum) auch eine vom Erdmittelalter stark verschiedene Lebewelt: Das Reptilienzeitalter war mit dem Untergang der Dinosaurier vorbei und die schon seit der Trias bekannten, aber bis dahin nur kleinen und völlig unbedeutenden Säugetiere konnten sich jetzt entfalten, weil sie plötzlich keine Konkurrenten mehr hatten.

Das Tertiär in Europa war von einem vielfachen Kommen und Gehen flacher Meere bestimmt, die von den Ozeanen aus auf ein weitgehend eingeebnetes Festland übergriffen: So findet man in den Schichten oft Land- und Meerestiere abwechselnd übereinander.

Was aber hat es mit dem geologischen Zeitbegriff „Tertiär" auf sich? Um das zu erklären, muss man weit in die Anfänge geologischer Forschung zurückgehen. Im 18. Jahrhundert hatte der italienische Bergwerksdirektor Arduino, der später Mineralogieprofessor wurde, nämlich schon eine grobe Gliederung der geologischen Zeitabschnitte versucht und dabei „Monti primari" (meist Gneis und Granit), „Monti secondari" (Marmor und schichtige Gesteine mit Fossilien) und „Monti terziari" (unverfestigte Gerölle, Sand und Ton) unterschieden; von daher kommt der Begriff „Tertiär". Die Zuweisungen der Zeitabschnitte zu den Gesteinen sind heute nicht mehr haltbar, weil wir ja sogar tertiärzeitlichen Granit (z. B. in den Alpen) kennen. Außerdem sind viele Sedimentgesteine des Tertiärs nicht mehr locker, sondern fest.

Das erwähnte Übereinander von Land- und Meerestieren in den Tertiärschichten hatte früher zu der Annahme geführt, dass jeweils die gesamte Lebewelt durch eine Art von Sintflut vernichtet worden wäre, die später durch eine ganz neue ersetzt wurde (Cuvier 1825). Auch

53 | Das Urpferd *Propalaeotherium hassiacum* war nicht größer als ein großer Hund. Es ist eine der beiden Arten, die im Ölschiefer der Grube Messel, einem Ort des Weltnaturerbes, gefunden wurden. Es besitzt an den Vorderbeinen je vier und an den Hinterbeinen drei Zehen mit Hufen. Bei einigen Fossilien dieser tapirähnlichen, Pflanzen fressenden Säugetiere war sogar noch der Mageninhalt – vorwiegend Blätter – erhalten.

54 | Prachtkäfer aus der Grube Messel. Die schillernd bunten Strukturfarben machen dieses tropische Tier besonders auffällig.

dieser Gedanke hat sich nicht halten lassen, und zwar deshalb nicht, weil die Tiere in den jüngeren Schichten immer auch verwandtschaftliche Merkmale mit denen der älteren gemeinsam hatten; auch hier gab es also die immer wieder zu beobachtende allmähliche Evolution anstelle von plötzlicher Revolution.

Tertiärtiere und -pflanzen aufzuzählen würde zu viel Platz in diesem Buch beanspruchen, aber ein paar Gruppen möchte ich doch vorstellen. Zunächst die Pflanzen, die uns die ersten Hinweise auf das warme Klima dieser Zeit geben. In Deutschland wuchsen Palmen, Zimt- und Lorbeerbäume, Magnolien und Sumpfzypressen. Wir kennen diese Vegetation vor allem deshalb so gut, weil man ihre Vertreter gelegentlich massenhaft in den Braunkohlengruben finden kann. Dabei ist interessant, dass die Pflanzen in den Braunkohlen des älteren Tertiärs ein wärmeres Klima anzeigen als die in den Braunkohlen des jüngeren Tertiärs, in denen schon mehr Weiden, Pappeln, Birken, Buchen, Ulmen, Ahorn und Nussbäume gefunden werden, die allesamt eher in gemäßigtem Klima gedeihen. Hier zeigt sich der Klima-Trend einer allmählichen Abkühlung, den man mit raffinierten Analysemethoden auch bei den Mikrofossilien in den Meeressedimenten gefunden hat. Dieser Trend führt von den tropischen Verhältnissen, die wir z. B. aus den Gegebenheiten der alttertiären Grube Messel ableiten können, allmählich bis zum Quartär, in dem wieder einmal Eiszeiten die Verhältnisse auf der Erde bestimmt hatten.

Im Tertiär wuchs auch erstmals Gras in größeren Mengen und diese Entwicklung steht in engem Zusammenhang mit der Entwicklung der Pferde. Die Messeler Urpferdchen (s. Abb. 53) waren nur etwa so groß wie mittelgroße Hunde und haben Laub gefressen, wie man aus ihrem fossilen Mageninhalt weiß. Gräser sind ziemlich hart, sie enthalten Opal-Körnchen und das wirkt wie ein Schleifmittel auf die Zähne. Die späteren Pferde hatten sich dann hauptsächlich von Gras ernährt und dementsprechend längere Zähne entwickelt, die dieser Abnutzung länger widerstehen konnten. Wir sagen ja auch von Menschen, die besonders lange Zähne haben, sie hätten ein Pferdegebiss. Die Evolution der Pferde im Tertiär zeigt, wie deren Zähne im Laufe von einigen Zehnermillionen Jahren immer länger wurden und im Quartär hatten sie schließlich die heutigen Längen erreicht.

Bei den wirbellosen Tertiärtieren gibt es eine Unzahl von unterschiedlichen Muscheln und Schnecken, die den heutigen schon sehr ähnlich sind, bei manchen sind sogar noch die Farben der Schalen erhalten geblieben. Seeigel waren häufig und auch sie sahen in den meisten Fällen so aus wie die heutigen. Besonders erwähnen möchte ich die Insekten und davon zuerst die Prachtkäfer (s. Abb. 54) mit ihren bunten, schillernden Farben.

Man kennt sie aus der Grube Messel und aus den Braunkohlenschichten vom Geiseltal bei Halle, aber auch aus der Rhön, wo jüngere, dem Messelsee vergleichbare Schichten bei Sieblos an der Wasserkuppe gefunden wurden. Hauptsächlich aber findet man fossile Insekten, bei denen noch die feinsten Strukturen erhalten geblieben sind, im Bernstein (s. Abb. 55). Dieses fossile Baumharz wird heute noch an den Ostseestränden aus den dortigen Tertiärschichten ausgespült. Beim Kauf solcher Fundstücke sollte man aber vorsichtig sein, weil viele davon Fälschungen sind, bei denen man heutige Insekten in Kunstharz eingebettet hat.

Das Tertiär war auch eine Zeit der Mikrofossilien: Foraminiferen, Radiolarien und Ostrakoden sind in manchen Schichten massenhaft vertreten, und viele sind ganz ausgezeichnete Leitfossilien für deren relative zeitliche Gliederung.

55 | In Bernstein eingeschlossene Insekten lassen noch feinste erhaltene Strukturen erkennen.

Wirbeltiere sind außer den erwähnten Urpferdchen neben vielen anderen Tiergruppen auch durch Haifische, Rüsseltiere und Affen vertreten. Von den Haifischen findet man vor allem die sehr harten und deshalb fossil gut erhaltungsfähigen Zähne manchmal massenhaft, z. B. in den Sandgruben von Rheinhessen. Beim Sammeln muss man aufpassen, dass man sich nicht in die Finger pikt, denn sie sind noch genauso spitz wie bei den lebendigen Haien. Demgegenüber waren die Seekühe harmloser, deren Knochen in vielen Museen wieder zu vollständigen Skeletten zusammengesetzt wurden.

Frühe Rüsseltiere, letztlich die Vorläufer unserer Elefanten, lebten schon in den Galeriewäldern, die die Flüsse begleiteten, aber ihre krummen Stoßzähne waren noch kurz. Schließlich lässt sich auch nicht mehr verheimlichen, dass schon vor über 3 Millionen Jahren menschenähnliche Affen auf zwei Beinen durch die ostafrikanische Savanne spaziert sind. Man hat dort Fußspuren gefunden, die in vulkanische Asche eingedrückt waren, und auch ein Skelett, das nach einem Beatles-Song, den die Forscher während seiner Untersuchung gerade hörten, „Lucy" getauft wurde. Diese weniger als 1 m große Lucy ist wahrscheinlich dort gelaufen und hat die Fußstapfen hinterlassen, die den zweibeinigen, aufrechten Gang beweisen. Es gibt inzwischen viele weitere Funde, aus denen man den Stammbaum der Primaten (Herrentiere) zusammenzusetzen versucht. Der sensationelle Fund eines 47 Millionen Jahre alten Primaten aus Messel, der heute unter dem Spitznamen „Ida" (s. Abb. 56) bekannte *Darwinius masillae*, zeigt schon viele Merkmale, die ihn in eine verwandschaftliche Nähe zu den späteren Menschen rücken. Dabei zeigt sich aber, dass die Evolution gelegentlich doch in Sackgassen geführt zu haben scheint, man kann auch keine gerade Linie von den Affen zu den Menschen finden. Bei solchen Stammbäumen muss man immer daran denken, dass die Fundstücke im Vergleich zu den zahllosen Exemplaren bei den wirbellosen Tieren außerordentlich selten sind. Nicht jeder neue Fund eines Schädels bedingt gleich eine neue Art! Nach dem heutigen Stand der Forschung gibt es aber keine Zweifel mehr daran, dass die „Wiege der Menschheit" im Tertiär von Afrika gestanden hat und dass sich von dort aus die Menschen später über verschiedene Wanderwege die ganze Erde erobert haben. Wir werden beim Quartär noch einmal darauf zurückkommen.

Für uns ist das Tertiär auch noch deshalb von Bedeutung, weil in dieser Zeit wichtige und weithin sichtbare Landschaftsstrukturen entstanden sind; allen voran die Alpen. Hauptsächlich im Tertiär wurden nämlich die

56 | *Darwinius masillae*, auch als „Ida" bekannt, aus der Grube Messel ist einer unserer ältesten Vorfahren.

TERTIÄR – UNSER ERSTER VORFAHR ERSCHEINT

Meereströge des Erdmittelalters zu dem Hochgebirge zusammengeschoben, von dem auch die Deutschen Alpen ein kleiner Teil sind.

Das alte Variskische Gebirge unterlag während des Tertiärs einer tiefgründigen Verwitterung, bei der dicke Tonschichten gebildet wurden, die die Keramikindustrie gut gebrauchen kann. Damals entstand auch der Oberrheingraben, der seitdem das südliche Deutschland von Basel bis Frankfurt am Main durchzieht. Fast alle großen Vulkanlandschaften Kontinentaleuropas haben ihren zeitlichen Ursprung im Tertiär; dazu gehören u. a. Auvergne, Eifel, Westerwald, Meißner, Vogelsberg, Rhön, Hegau, Kaiserstuhl, und dieser Vulkangürtel lässt sich bis nach Böhmen weiterverfolgen. Alle diese Vorkommen sind aber relativ unbedeutend, wenn man sie mit denen der weltweiten Ozeanböden vergleicht. Zu den bedeutenden und gut erforschten Landgebieten gehören auch die Vulkane in Schottland, auf seinen Inseln und in Irland, wo die Basaltsäulen von Giant's Causeway (s. Abb. 57) ein beeindruckendes Pflaster bilden.

Wichtige Tertiärbasalte findet man auch auf Island und auf sämtlichen mittelatlantischen Vulkaninseln von den Azoren über Madeira und die Kanarischen bis hin zu den Kapverdischen Inseln.

57 | Giant's Causeway, bei Londonderry in Nordirland. Auf den Köpfen der Basaltsäulen aus dem Tertiär könnten Riesen gelaufen sein.

Quartär – Das bisher jüngste Eiszeitalter

Das Quartär, das sich vom Begriff (das Vierte) sinnvoll an das Tertiär anschließt, wurde früher einmal als Diluvium bezeichnet, was man etwa mit „Sintflut-Zeitalter" gleichsetzen kann. Daran zeigt sich, dass sich die alten Geologen in ihrer Namensgebung noch an der Überlieferung durch die Bibel orientiert hatten, die ja von der Sintflut erzählt.

Die Abtrennung dieses jüngsten Zeitabschnitts der Erdgeschichte war notwendig geworden, weil man in den auf das Tertiär folgenden Ablagerungen große Gesteinsblöcke gefunden hatte, die wir heute Findlinge (s. Abb. 58) nennen. Es gab aber zunächst keine rechte Erklärung, wie sie dort hingekommen waren, und man dachte zunächst an gewaltige Wassermassen, die sie transportiert hätten, eben eine Art Sintflut. Erst im späten 19. Jahrhundert fand man dann die richtige geologische Erklärung: Bei Wurzen in Sachsen und bei Berlin war an bestimmten Stellen der ältere Untergrund durch Gletscher geschrammt worden und solche Spuren kannte man schon von modernen Gletschern.

Das Eis enthält ja immer auch Steine, die den Untergrund, über den es gleitet, aufkratzen. Damit konnte man beim Quartär nun vom „Eiszeitalter" sprechen, das sich von dem im Allgemeinen warmen Tertiär ganz wesentlich unterschied. Die weiteren Untersuchungen haben dann deutlich gemacht, dass die gesamte Nordhalbkugel der Erde jahrhunderttausendelang unter einen mehrere Kilometer dicken Eispanzer geraten war. Wo kein Eis war, herrschten Verhältnisse wie in der heutigen Tundra, in der nur Tiere leben konnten, die mit den niedrigen Temperaturen zurechtkommen. Zu ihnen gehörte u. a. das Mammut (s. Abb. 59) mit seinen Fettpolstern und dem dicken Fell. Sein Lebensraum wird deshalb auch als Mammutsteppe bezeichnet.

Heute teilt man das Quartär, das früher in Diluvium und Alluvium untergliedert wurde, in Pleistozän und Holozän. Diese Gliederung nimmt die Terminologie aus dem Tertiär auf, dessen jüngste Stufe als Pliozän bezeichnet wird – und so ergibt sich eine kontinuierliche Altersreihe für die Erdneuzeit (Neo- bzw. Känozoikum). Das Pleistozän reicht bis etwa 10 000 Jahre vor heute zurück, seitdem leben wir im Holozän, in der Nacheiszeit, die allerdings auch durch kleinere, geologisch wirksame Ereignisse noch weiter unterteilt werden kann; das hängt vor allem mit kurzfristigen Klimaschwankungen zusammen.

In der Fortführung der Zeitbegriffe aus dem Tertiär wird, ohne dass man das damals, d. h. im 19. Jahrhundert, schon wissen konnte, deutlich, dass die Abkühlung des Klimas, die schließlich zu den Eiszeiten des Quartärs geführt hat, ihren Anfang bereits im Tertiär hatte: Mit raffinierten Analyseverfahren (Isotopen des Sauerstoffs) an den Kalkschalen mariner Kleinlebewesen ließ sich zeigen, dass der Temperaturverlauf des Ozeanwassers schon seit nahezu 50 Millionen Jahren einen nur gelegentlich unterbrochenen Abkühlungstrend aufweist.

Die quartären Eiszeiten, ursprünglich vier, die durch wärmere Zwischeneiszeiten unterbrochen waren, haben wir alle in der Schule gelernt: Günz, Mindel, Riß und Würm. Sie sind nach Flüssen im Alpenvorland benannt und das zeigt auch, dass diese Gliederung aus festländischen Ablagerungen, nämlich den von Gletschern hinterlassenen Moränen, abgeleitet war. In Norddeutschland entsprechen ihnen zeitlich nur annähernd die Elster-, Saale- und Weichsel-Eiszeit. Nachdem man aber die erwähnten Sauerstoff-Isotope als Indiz für die Meerwasser-Temperaturen zur Verfügung hatte, ist diese Gliederung wesentlich verfeinert und erweitert worden. Damit lassen sich innerhalb der ungefähr 2 Millionen Jahre für das Quartär heute periodische Wechsel von Kalt- und Warmphasen rekonstruieren, die jeweils etwa 100 000 Jahre gedauert haben. Diese werden auf periodische Änderungen der Exzentrizität der Erdbahn zurückgeführt, womit auch deutlich wird, dass an der Entstehung von Eiszeiten astronomische Gegebenheiten beteiligt sind. Was man an den Meeressedimenten herausgefunden hatte, versucht man heute auch näherungsweise auf das Festland zu übertragen, wobei vor allem Bodenbildungen eine Rolle spielen, die ja ganz entscheidend durch klimatische Bedingungen gesteuert werden.

Zu den Charakter-Sedimenten der Kaltzeiten gehört vor allem der Löss, feinster Staub, der aus den Ablagerungen der Flussufer ausgeblasen wurde, als die Vegetation infolge der Kälte weitgehend abgestorben war. In den hellgelben Löss-Ablagerungen (s. Abb. 60) sind immer wieder bräunliche Schichten zu sehen, die Böden darstellen, welche erst unter einem wieder wärmer gewordenen Klima entstehen konnten, bei dem u. a. Feldspäte in die für den Nährstoff- und Wasserhaushalt wichtigen Tonminerale umgewandelt wurden. Löss an sich ist nämlich noch nicht fruchtbar, aber die Lösslehm-Böden unserer Bördenlandschaften sind mit die besten Böden, die es überhaupt gibt.

Das zweite Charakter-Sediment sind die Moränen, deren weitgehend unsortiertes Material, das neben Sand und

58 | Findlinge aus skandinavischem Granit an der Küste von Rügen

59 | Mammuts. Gemälde des österreichischen Malers Franz Roubal im Frankfurter Senckenberg-Museum

QUARTÄR – DAS BISHER JÜNGSTE EISZEITALTER | 83

60 | Mehrere Löss-Schichten, die von zwei braunen Lösslehm-Böden unterbrochen werden, zeigen den Klimawechsel zwischen Kalt- und Warmzeiten im Quartär. Kiesgrube Ingelfinger bei Heilbronn

feinem Staub vor allem die großen Brocken enthält, die man Geschiebe nennt (weil sie der Gletscher nicht rollt, sondern schiebt). Aus deren unterschiedlichen Gesteinen lässt sich ermitteln, aus welchem Herkunftsgebiet sie stammen. Im Süden kam das Material aus den Alpen und in Norddeutschland war Skandinavien das Liefergebiet. Moränen sind als Erhebungen auch in der Landschaft zu erkennen, manchmal sind sie zu lang gestreckten, bogig verlaufenden Wällen aneinandergereiht wie Girlanden; sie markieren, wie weit das Eis vorgestoßen war. Es gibt sogar ältere Moränen, die von jüngeren überfahren und dabei gestaucht wurden, sodass sich in den Ablagerungen manchmal Falten und Brüche gebildet haben wie in einem Gebirge.

Wo das feinkörnige Material später ausgewaschen wurde, blieben oft nur noch große Blöcke zurück, die man wegen ihrer fremden Herkunft als Erratica bezeichnet oder einfach als Findlinge; daraus haben die Menschen der Vorzeit vielfach ihre Megalith-Gräber (s. Abb. 61) errichtet, wobei „Megalith" nichts anderes heißt als großer Stein; sie sind heute durch Obelix schon den Kindern vertraut!

Das eiszeitliche Inventar ist aber noch wesentlich vielfältiger, denn fließendes Wasser hat das Material oft ausgehöhlt oder umgelagert, sodass Gletschermühlen (s. Abb. 62) oder Flussterrassen aus groben Geröllen entstan-

61 | Megalith-Grab aus der Landschaft Schwansen an der Ostsee, nördlich von Kiel

62 | Gletschertopf, ein durch Schmelzwasser des darüber lagernden Eises ausgekolktes Strudelloch. Gletschergarten von Dossen, Zermatt, Wallis, Schweiz

den und Seen, in denen die feinkörnige Fracht abgesetzt wurde. Solche Ablagerungen sind immer Indizien für wärmere Abschnitte, und dazu gehören dann auch Seesedimente, die durch Algenblüten zustande kamen (Kieselgur in der Lüneburger Heide z. B.); auch Kalk wurde in solchen Seen gefällt, was nur unter warmem Klima möglich ist.

Parallel zum Außenrand vor den Moränengürteln formte das viele Schmelzwasser in den Sommermonaten die Urstromtäler, denen noch heute einige unserer großen Flüsse folgen. Die Seen in ganz Norddeutschland und im Alpenvorland sind allesamt Produkte der quartären Eiszeit, d. h. Zungenbecken von Gletschern oder Toteiskessel (Sölle).

Der Tierwelt des Eiszeitalters sind viele eigene Bücher gewidmet, sodass wir uns hier auf wenige Beispiele beschränken können. Das erwähnte Mammut ist ja eigentlich ein Elefant und nach der Lebensweise kann man grundsätzlich Steppenelefanten von Waldelefanten unterscheiden, womit gleichzeitig gesagt ist, dass die Steppentiere Kaltzeit- und die Waldtiere Warmzeitformen sind. Das wird auch durch die Fossilfunde anderer Tiere erhärtet, die mit den jeweiligen Elefanten zusammengelebt haben müssen. Zur eiszeitlichen Lebenswelt gehörten auch Höhlenbär (s. Abb. 63), Höhlenlöwe und Höhlenhyäne.

Vormenschen und Menschen

Die für uns wichtigsten Fossilien überhaupt aber sind die Funde von Vormenschen und Menschen, die – zusammen mit denen verschiedener Affen – einen ganz eigenen Forschungszweig begründet haben, den der Paläoanthropologie. Zoologisch fasst man sie unter dem Begriff Primaten (Herrentiere) zusammen. Die modernen Erkenntnisse dazu beschränken sich nicht nur auf Untersuchungen an Knochen und Zähnen, sondern sie bedienen sich in zunehmendem Maße auch der Gentechnik. Mit dem Fundmaterial systematischer Grabungskampagnen zeichnet sich inzwischen ab, dass man von der ursprünglichen Idee eines menschlichen Stammbaums mit einer geradlinigen Evolution abrücken muss zugunsten einer Art „Stammbusch": Viele Entwicklungslinien brechen vorzeitig ab, wie wir das auch an anderen Organismen beobachten können.

Anhand der Fossilfunde ist heute jedenfalls sicher, dass unsere Wiege in Afrika gestanden hat, wo u. a. der aufrechte Gang durch Fußspuren in etwa 3,5 Millionen Jahre alter vulkanischer Asche dokumentiert ist; diese Fähigkeit wird aber heute sogar auf etwa 5 Millionen Jahre zurückverfolgt und man vermutet, dass sie möglicherweise mehrfach „erfunden" wurde. Vor dem aufrechten Gang ist aber als noch früherer Evolutionsschritt die Rückbildung der kräftigen Eckzähne zu beobachten. Als Verursacher der Fußabdrücke kommt am ehesten „Lucy" infrage; das weniger als 1 m große Skelett, das trotz des Namens nach neueren Erkenntnissen einem Mann zuzurechnen ist, zählt man zu den Australopithecinen (was „südliche Affen" bedeutet). Von da an muss die Entwicklung zu den ersten Menschen verlaufen sein. Es ist wahrscheinlich, dass Menschen und Affen einen gemeinsamen Vorfahren gehabt haben, der vor etwa 7–5 Millionen Jahren gelebt hat. Es bleibt aber das Problem, dass sich die eher spärlichen Fundstücke nicht zu einer nahtlosen Entwicklungsreihe verbinden lassen. Das Wissen über unsere eigene Evolution basiert noch immer auf vergleichsweise wenigen Bruchstücken. Afrika ist heute

63 | *Ursus spelaeus*, der Höhlenbär

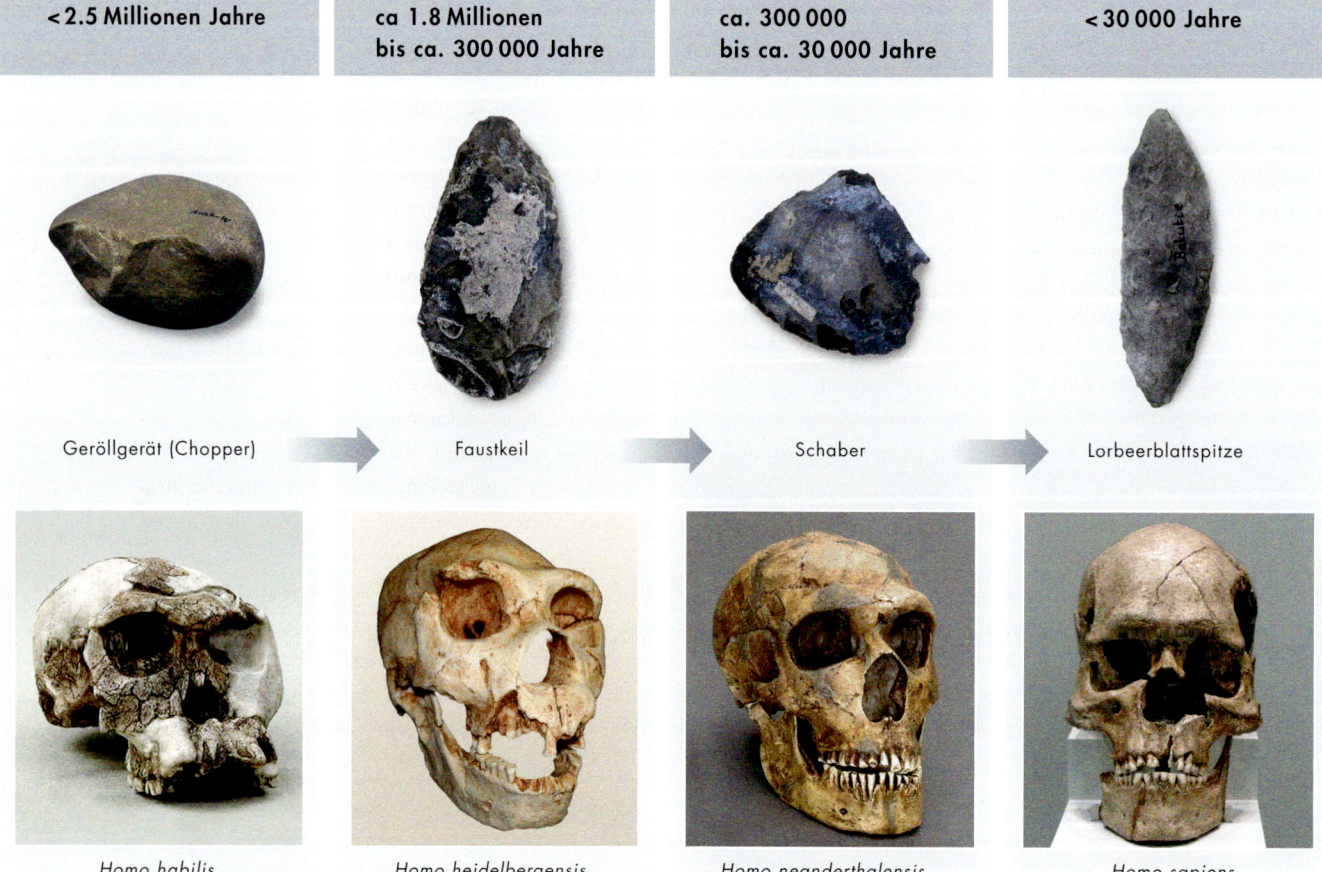

64 | Die Entwicklung von Steinwerkzeugen und ihre Hersteller. Stark vereinfachtes Schema, das nur die Grundlinien der Entwicklung skizzieren soll.

als Ursprungsland des anatomisch modernen Menschen gesichert, wo er sich vor etwa 200 000 Jahren entwickelt hat und vor etwa 100 000 Jahren nach Norden wandernd die Welt zu erobern begann; diesem relativ späten Exodus waren jedoch schon frühere Auswanderungswellen vorausgegangen. Der anatomisch moderne Mensch ist auch bekannt für seine Kunst in Form von Höhlenmalereien, kleinen Skulpturen und ersten Musikinstrumenten (z. B. aus Knochen geschnitzten Flöten). Diese Entwicklung hat ein paar Millionen Jahre gedauert. Von „Lucy" scheint eine Linie zu den ersten Menschen verlaufen zu sein, deren afrikanische Stammformen vor etwa 2,5 Millionen Jahren nachweisbar sind. Zu ihnen gehört der *Homo habilis* (der „geschickte Mensch"), der auch schon Steinwerkzeuge hergestellt hat.

Die seit 1,8 – 1,6 Millionen Jahren auf *Homo habilis* folgenden moderneren Gruppen, die als *Homo erectus* und *Homo ergaster* bezeichnet werden, hatten vor uns schon weite Teile der Welt erobert. *Homo erectus* (der „aufrecht gehende Mensch", der mit sehr unterschiedlichen Namen versehen worden ist) wanderte nach Asien, wo er erst vor etwa 60 000 Jahren ausgestorben ist. *Homo ergaster*, auch er ein Afrikaner, scheint für die europäische Entwicklungslinie von Bedeutung. Sie führt über 800 000 Jahre alte Menschenfunde aus Nordspanien mit primitiven wie fortschrittlichen anatomischen Merkmalen schließlich zum *Homo heidelbergensis*, dessen berühmter Unterkiefer aus Ablagerungen eines alten Neckarlaufs bei Mauer stammt, wo er vor etwa 600 000 Jahren zusammen mit wärmeliebenden Tieren gelebt hatte. Heute kann als gesichert gelten, dass der vor etwa 300 000 Jahren erscheinende Neandertaler mit diesem „Heidelberger" in einer direkten Entwicklungslinie steht. Der Neandertaler *(Homo neanderthalensis)* hat noch vor 28 000 – 24 000 Jahren in Spanien gelebt; ob er sich mit den modernen Menschen vermischt hat, ist unklar. Dass sich beide Gruppen zumindest zeitlich überschnitten, lässt sich aus dem Alter von 36 000 Jahren folgern, das man an den ältesten Resten des europäischen *Homo sapiens* gefunden hat.

Die Entwicklung der Menschen lässt sich am besten anhand der Steinwerkzeugformen (s. Abb. 64) verfolgen, weil sich Stein besser hält als Knochen. Die Werkzeuge sind damit die „Leitfossilien" für die Urgeschichtler. Auch hier ist, wie an den Formen im Tier- und Pflanzenreich, eine Evolution von einfachen zu komplizierten Mustern erkennbar, die insgesamt während der Altsteinzeit erfolgte und an deren Ende auch schon abgeschlossen war. Werkmaterial waren im Wesentlichen die besonders harten Horn- und Feuersteine, aber auch Quarzite und Obsidian. Die mittelsteinzeitlichen Kulturen sind durch kleinere Werkstücke (sog. Mikrolithen) gekennzeichnet, die der Jungsteinzeit vor allem durch ihre geschliffenen Steinbeile bekannt, für die besonders harte und zähe Gesteine verwendet wurden, bis man das Material schließlich durch Metalle ersetzt hat. Kupfer-, Bronze- und Eisenzeit sind heute schon annähernd durch ein Plastik-Zeitalter abgelöst, aber auch dieses wird in 50 Millionen Jahren längst überholt sein.

Klimaschwankungen im Quartär

Tiere und Pflanzen sind während des Quartärs immer wieder den klimatischen Verhältnissen gefolgt, d. h., sie haben oft weite Wanderungen unternommen, um Rückzugsgebiete zu erreichen, in denen sie überleben konnten; aus diesen sind sie dann später immer wieder in die wärmeren Zonen eingewandert.

Mit den Pflanzen, die auf klimatische Änderungen schneller reagieren als die Tiere, lassen sich die vielfäl-

Eiszeiten und Heisszeiten

Klimawandel ist für Geologen ein völlig selbstverständlicher Vorgang; an vielen Zeugnissen innerhalb der einige Milliarden Jahre andauernden Erdgeschichte lässt sich belegen, dass es immer wieder Eiszeiten und Heißzeiten gegeben hat, gelegentlich in dieser Hinsicht sogar extreme Epochen: eine Phase im jüngsten Präkambrium, während der die Erde wahrscheinlich ein einziger riesiger Schneeball gewesen ist, und eine Warmphase, in der während der Kreidezeit sogar die Pole eisfrei gewesen sind und Meeresspiegelstände und Wassertemperaturen Rekordhöhen erreicht hatten.

Was wir gegenwärtig als Katastrophenszenario in den Medien serviert bekommen, ist in der Erdgeschichte also keine Ausnahme, sondern die Regel: Temperaturwechsel sind eine Begleiterscheinung erdgeschichtlicher Prozesse, aber nicht alle sind mit der plattentektonischen Situation der Kontinente erklärbar, sondern sie scheinen auch mit Änderungen der Erdbahn und/oder mit der Sonnenaktivität in Verbindung zu stehen; diesbezüglich gibt es noch viel Forschungsbedarf. Eiszeiten entstehen offenbar nur, wenn größere zusammenhängende Festlandsbereiche in Polnähe liegen.

Die extreme Erwärmung während der Kreidezeit scheint dagegen mit einem enorm verstärkten Vulkanismus erklärbar, bei dem mit den Laven große Wärmemengen aus dem Erdinneren über sog. Plumes an die Oberfläche gelangt waren; das im Zusammenhang damit geförderte CO_2 hat dann zusätzlich auch einen entsprechenden Treibhauseffekt bewirkt. Mittlerweile hat man aber auch innerhalb der Kreide Kaltphasen nachweisen können, für deren Entstehung ein im Quartär wirksamer Selbststeuerungsmechanismus diskutiert wird. Die geologisch jungen Vereisungen der Quartärzeit – die für die meisten von uns die Eiszeit schlechthin bedeuten – verstehen wir heute besser als die der älteren Erdgeschichte – dazu gehört auch eine Vereisung der Sahara während des Ordoviziums –, weil wir aufgrund der genaueren Altersbestimmungen an ihren Hinterlassenschaften Periodizitäten ermitteln können, die mit Änderungen der Erdbahn-Parameter zusammenhängen.

Daraus ergibt sich, dass bei der gegenwärtigen plattentektonischen Konstellation etwa alle 100 000 Jahre mit einer Eiszeit zu rechnen ist. Innerhalb des über 2 Millionen Jahre andauernden Quartärs hat es etwa 20 Wechsel zwischen Warm- und Kaltzeiten gegeben, wobei die kurzfristigen Schwankungen noch nicht einmal berücksichtigt sind; das ist wesentlich mehr, als wir mit Günz-, Mindel-, Riß- und Würm-Eiszeit in der Schule gelernt haben. Den entsprechenden Temperaturverlauf hat man mit physiko-chemischen Methoden (Isotopen des Sauerstoffs) vor allem an Meeresablagerungen rekonstruieren können. Selbst die sog. Nacheiszeit, die vor etwa 10 000 Jahren mit dem Rückzug des skandinavischen Inlandeises aus unserer Region begonnen hatte, ist nicht vor Klimaschwankungen bewahrt geblieben, denn es gab innerhalb dieses relativ kurzen Zeitraums mehrmals wärmere und kältere Phasen: Besonders bekannt ist die auf das mittelalterliche Klimaoptimum (eine Zeit, in der es sogar etwas wärmer war als heute) folgende „Kleine Eiszeit", während der vom 16. Jahrhundert bis etwa 1800 allgemein tiefere Temperaturen herrschten als heute. Damals hat Pieter Breughel der Ältere seine niederländischen Winterlandschaften gemalt. Solche historischen Dimensionen sind uns vertrauter als die, in denen sich normalerweise die Erdgeschichte abspielt.

Auch kurzfristige geologische Prozesse können das Klima beeinflussen: Dem Ausbruch des Vulkans Tambora (1815) war 1816 ein „Jahr ohne Sommer" gefolgt mit Hungerkatastrophen, weil die Ernte verdarb. Eine ähnliche Situation entstand nach dem Ausbruch des Krakatau (1883). Solche Ereignisse haben auch in den Eisbohrkernen Grönlands und der Antarktis Signaturen hinterlassen.

Wenn wir uns heute Sorgen um ein von uns selbst verursachtes „Kippen" des Klimas machen, sollten wir deshalb die geologischen Umstände nicht außer Acht lassen. Längerfristig betrachtet

leben wir nämlich gegenwärtig wahrscheinlich in einer Zwischeneiszeit. Man muss sich dazu klarmachen, dass es die altsteinzeitlichen Menschen in der als Eem-Warmzeit bezeichneten letzten Warmperiode, vor 130 000 bis 115 000 Jahren, schon wärmer hatten als wir. Um auch ein Beispiel aus der Gletscherwelt anzufügen: Innerhalb der Nacheiszeit hat man 10 Eisvorstöße unterscheiden können, die von wärmeren Episoden unterbrochen waren, während denen die Gletscher wieder felsigen Untergrund freigegeben hatten. Das zeigt auch der Fund des „Ötzi", der in einem heute noch vereisten Gebiet vor etwa 5000 Jahren auf nacktem Fels umgekommen war.

Unser Hauptproblem bei der gegenwärtigen Klimadiskussion scheint mir, dass wir nicht fähig sind, über unsere gewohnten

65 | Kreidezeitliche, etwa 100 Millionen Jahre alte Ablagerungen eines warmen Flachmeers (Oued Zehar/Marokko). Diese Gegend, heute eine Wüste, war vor über 450 Millionen Jahren von Gletschereis bedeckt.

Zeitvorstellungen hinaus zu denken, und das hängt natürlich vor allem mit unserer kurzen Lebensspanne selbst zusammen. Für die derzeit heftig diskutierte Frage, ob wir mit dem Verbrennen der fossilen Energierohstoffe das Klima anheizen, gibt es aus geologischer Sicht noch erheblichen Forschungsbedarf. Um es einmal ins Positive zu wenden, könnte die gegenwärtig beobachtete Erwärmung uns kurzfristig vielleicht vor einer neuen Eiszeit bewahren, die nach den aus der Geologie ableitbaren Gegebenheiten eigentlich bevorsteht.

66 | Eissturz am Lämmerten-Gletscher: wie lange noch?

tigen Klimaschwankungen des Quartärs heute recht genau verfolgen; das gilt besonders für die nacheiszeitliche Epoche des Holozäns, also für etwas mehr als die letzten 10 000 Jahre. Die Informationen dazu sind in Form von Pollen überwiegend in See-Ablagerungen und Mooren gespeichert. Kälteperioden sind darin vor allem durch Gräser und Kräuter, Warmzeiten anhand von Pollen entsprechender Bäume nachweisbar. Die Auszählung von Tausenden der winzigen Pollenkörner unter dem Mikroskop (um eine gute Statistik zu erhalten) ist zwar ein mühsames Geschäft, aber es hat sich gelohnt, weil man damit u. a. die quartäre Waldgeschichte Mitteleuropas rekonstruieren konnte. Außerdem hat man dabei gelernt, dass das Klima auch in relativ kurzen Zeiträumen immer wieder beträchtliche Sprünge machen kann. Das bekannteste Ereignis in diesem Zusammenhang war die sog. „Kleine Eiszeit" vom 16. bis ins 19. Jahrhundert, für die es auch Hinweise von besonders weit vorgestoßenen Alpengletschern gibt. Vor etwa 8000–5000 Jahren dagegen gab es eine als Klimaoptimum bezeichnete Warmzeit, während der die Gletscher noch wesentlich stärker abgeschmolzen waren als heute. Wahrscheinlich ist also auch die gegenwärtige Erderwärmung nur eine Episode, der vielleicht schon bald wieder eine Kaltzeit folgen könnte.

ANHANG

LITERATUR IN AUSWAHL

Berner, U. & Streif, H. (Hrsg.): Klimafakten – Der Rückblick – ein Schlüssel für die Zukunft. BGR, GGA, NLFB, Vertrieb E. Schweizerbart'sche Verlagsbuchh., Stuttgart 2004 (4. Aufl.).

Cuvier, G.: Discours sur les révolutions du globe. Paris 1825.

Fagan, B. (Hrsg.): Die Eiszeit. Leben und Überleben im letzten großen Klimawandel. Theiss, Stuttgart 2009, 240 S.

Frisch, W. & Meschede, M.: Plattentektonik. Kontinentverschiebung und Gebirgsbildung. Wissenschaftl. Buchgesellsch./Primus Verlag, Darmstadt 2009 (3. Aufl.), 196 S.

Geyh, M.: Handbuch der physikalischen und chemischen Altersbestimmung. Wissenschaftl. Buchgesellsch., Darmstadt 2005, 211 S.

Hauschke, N. & Wilde, V. (Hrsg.): Trias – Eine ganz andere Welt – Mitteleuropa im frühen Erdmittelalter. Verlag Dr. Friedrich Pfeil, München 1999, 647 S.

Hölder, H.: Naturgeschichte des Lebens. Eine paläontologische Spurensuche. Springer Verlag, Berlin etc. 1996 (3. Aufl.), 241 S.

Kempe, S. & Rosendahl, W. (Hrsg.): Höhlen. Verborgene Welten. Wissenschaftl. Buchgesellsch./Primus Verlag, Darmstadt 2008, 168 S.

Koenigswald, W. v.: Lebendige Eiszeit. Klima und Tierwelt im Wandel. Wissenschaftl. Buchgesellsch., Darmstadt 2002, 190 S.

Krumbiegel, G. & Krumbiegel, B.: Fossilien in der Erdgeschichte, Enke Verlag, Stuttgart 1981, 406 S.

Lehmann, U.: Paläontologisches Wörterbuch. Spektrum Akademischer Verlag, Heidelberg 2003 (4. Aufl.), 277 S.

Müller, Arno Hermann: Lehrbuch der Paläozoologie, Bd. II Invertebraten, Teil 3, Arthropoda 2 – Hemichordata, 2. Aufl., VEB Gustav Fischer, Jena 1978, 748 S.

Oldroyd, D. R.: Thinking about the Earth. A history of Ideas in Geology. Athlone, London 1996, 410 S.

Palmer, D.: Vier Milliarden Jahre. Die Geschichte des Lebens auf der Erde, Primus Verlag, Darmstadt 2004, 176 S.

Probst, E.: Deutschland in der Urzeit. Von der Entstehung des Lebens bis zum Ende der Eiszeit. Orbis Verlag, München 1999, 479 S.

Rothe, P.: Die Erde. Wissenschaftl. Buchgesellsch./Primus Verlag, Darmstadt 2009 (2. Aufl.), 176 S.

Rothe, P.: Erdgeschichte – Spurensuche im Gestein. Wissenschaftl. Buchgesellsch./Primus Verlag, Darmstadt 2009 (2. Aufl.), 248 S.

Rothe, P.: Die Geologie Deutschlands. 48 Landschaften im Portrait. Wissenschaftl. Buchgesellsch./Primus Verlag, Darmstadt 2010 (3. Aufl.), 240 S.

Schrenk, F.: Die Frühzeit des Menschen. Der Weg zum *Homo sapiens*. C. H. Beck Verlag, München 2004, 126 S.

Seilacher, A.: Selbstorganisation in der frühen Evolution des Lebens. Jh. Ges. Naturkde. Württemberg, 151, Stuttgart 1995, S. 73–82.

Stanley, S. M.: Krisen der Evolution. Artensterben in der Erdgeschichte. Spektrum der Wiss. Verlagsgesellschaft 1989, 246 S.

Stanley, S. M.: Historische Geologie. Spektrum Akademischer Verlag, Heidelberg, Berlin, Oxford 1994, 632 S.

Suess, E.: Das Antlitz der Erde. Tempsky (Prag), Freytag (Wien), 1883 ff.

Wieczorek, A. & Rosendahl, W.: MenschenZeit. Geschichten vom Aufbruch der frühen Menschen. Publ. der Reiss-Engelhorn-Museen, Bd. 7. Verlag Philipp von Zabern, Mainz 2003, 111 S.

67 | Das Satellitenbild der Erde zeigt deutlich die heutigen, klimagesteuerten Vegetationsgürtel. Im Verlauf der langen Erdgeschichte haben sich diese immer wieder verschoben.

GLOSSAR

Agnathen sind kieferlose primitive Fische des Erdaltertums.

Alte Schilde sind Gebiete mit präkambrischen Gesteinskomplexen, die überwiegend älter als 2500 Millionen Jahre sind. Sie stellen praktisch die ursprünglichen Kontinentkerne dar.

Ammoniten sind Kopffüßer des Erdmittelalters, die nur im Meer gelebt haben.

Archaikum ist die Urzeit der Erde, vom Beginn an bis vor 2500 Millionen Jahren.

Aufschluss ist eine Stelle, an der sonst durch Boden oder Pflanzen bedecktes Gestein zutage tritt; kann auch durch den Menschen erzeugt werden, z. B. Steinbrüche, Bohrungen.

Ausfällen von Kalk bedeutet, dass im Wasser gelöster Kalk in Kristalle überführt wird.

Bachschwinden sind Stellen in Karstgebieten, an denen oberflächlich fließendes Wasser in unterirdische Gerinne versickert.

Bärlapper sind krautige immergrüne Pflanzen ohne sekundäres Dickenwachstum (Holzbildung).

Belemniten sind Kopffüßer, von denen meist nur die massiven kalkigen Teile überliefert sind („Donnerkeile").

Brachiopoden sind „Lampenmuscheln" (Armkiemer), ein eigener Tierstamm, dessen Vertreter nur äußerlich den Muscheln ähnlich sehen.

Ceratiten sind weiterentwickelte Kopffüßer des Erdmittelalters, Leitfossilien der Trias.

Diskordanzen sind allgemein winklig abstoßende Lagerungen von Gesteinsschichten. Sie entstehen im Kleinformat durch wechselnde Strömungen (Flüsse, Dünen), wesentlich sind jedoch großräumige Diskordanzen, die durch Gebirgsbildungen zustande kommen: Über gefaltetem und teilweise abgetragenem Untergrund lagern sich jüngere Schichten ab.

Dolinen sind trichterförmige Einsturzformen in Karstgebieten, die durch unterirdische Auflösung löslicher Gesteine (Kalk, Gips) entstehen; benannt nach dem slowenischen „dolina" für Tal.

Dropstones sind Steine, die aus Treibeis ausschmelzen, welche die Gletscher zuvor aus dem überfahrenen Untergrund aufgenommen hatten. In Meeressedimenten sind das oft grobe Partikel, die in feinkörnigem Schlamm abgelagert werden.

Erratica sind Gesteinsblöcke, die durch Gletschereis in eine ihnen geologisch fremde Gegend transportiert wurden.

Faulschlamm ist ein meist dunkles, feinkörniges Sediment mit einem hohen Anteil an organischer Substanz, die unter Sauerstoffabschluss umgebildet wird. Das beste Beispiel sind die geologisch jungen Ablagerungen am Boden des Schwarzen Meeres.

Fazies leitet sich vom latein. *facies* = Gesicht ab und bezeichnet die petrographischen und paläontologischen Merkmale einer Ablagerung, die es gestatten, deren Bildungsbedingungen zu rekonstruieren.

Flysch ist der Ausdruck für überwiegend in tiefem Wasser abgelagerte, meist fossilarme Sedimente, die an eine bestimmte Phase innerhalb einer Gebirgsbildung gebunden sind.

Foraminiferen sind einzellige marine Organismen, die meist millimetergroße kalkige Gehäuse ausbilden; damit tragen sie die wesentlichen Komponenten zu den kalkigen Meeressedimenten bei.

Goniatiten sind primitive, eingerollte Kopffüßer des Erdaltertums.

Graptolithen sind koloniebildende marine Organismen des Erdaltertums.

Griffelschiefer sind durch Spaltung in 2 Ebenen (meistens Schichtung und Schieferung oder eine zweite Schieferung) zustande gekommene, stengelig zerfallende Gesteinsstücke.

Holozän ist die Nach-Eiszeit, die vor etwa 10 000 Jahren begann und in der wir noch heute leben.

Isotope sind Elemente, deren Atomkerne die gleiche Ordnungszahl, aber unterschiedliche Massen haben, z.B. Sauerstoff ^{16}O, ^{17}O, ^{18}O.

Itabirit ist schichtiges Eisenerz, das es in dieser Ausbildung nur im Präkambrium gegeben hat.

Kaledonische Gebirgsbildung ist die Gebirgsbildung während des älteren Erdaltertums (Ordovizium–Silur). Sie wurde nach dem römischen Namen für Schottland – Caledonia – benannt.

Karbonate sind Minerale in Verbindung mit CO_3; wichtig sind Calcit $CaCO_3$ und Dolomit $CaMg(CO_3)_2$.

Kieselgur ist ein anderer Ausdruck für Diatomeenerde: Ablagerung von Massen von Kieselalgen in Seen.

Kissenlava/Pillow-Lava ist Lava, die unter Wasserbedeckung ausfließt und dabei entsprechende Kissen-(Pillow-)Formen ausbildet.

Konglomerat ist verfestigter Schotter mit überwiegend gerundeten Komponenten.

Leitbündel sind röhrenförmige Systeme von Gefäßen, die bei höheren Pflanzen entwickelt sind, wo sie dem Transport von Wasser und Nährsalzen und der Festigung dienen.

Leitfossilien heißen so, weil sie die relative altersmäßige Zuordnung von Schichten ermöglichen. Im Sinne der Evolution sollten das möglichst kurzlebige Formen sein, die bald wieder durch andere, weiter entwickelte ersetzt werden, außerdem sollten sie möglichst weltweit verbreitet und in großer Zahl zu finden sein; deshalb sind die besten Leitfossilien Meeresorganismen. Für das Kambrium sind das vor allem Trilobiten, im Ordovizium und Silur Graptolithen, im Jura Ammoniten und in der Kreide Foraminiferen.

Lettenartige Gesteine sind unverfestigte Schiefertone, die bei Befeuchtung aufquellen und beim Austrocknen blättern.

Lithosphärenplatten sind feste Gesteinsschalen der Erde, die sowohl kontinentale als auch ozeanische Kruste sowie einen Teil des Erdmantels umfassen.

Metamorphite sind durch Umwandlung unter hohem Druck und/oder hoher Temperatur entstandene „umgewandelte" Gesteine.

Metamorphose ist die Umwandlung von Gesteinen unter Beibehaltung des festen Zustandes bei höherem Druck und/oder höheren Temperaturen.

Ooide sind millimetergroße, konzentrisch-schalig gebaute Mineralkörner, die durch chemische Fällung von Kalk, auch Eisenverbindungen, in bewegtem Flachwasser entstehen.

Ostrakoden sind Muschelkrebse – millimetergroße kalkschalige Tiere –, deren verschiedene Arten im Meer, im Brack- oder im Süßwasser leben.

Pleistozän ist die ältere Epoche des Quartärs (ca. 2 Millionen bis etwa 10 000 Jahre vor heute).

Plumes sind diapirartig im Erdmantel aufsteigende heiße Ströme, relativ eng begrenzt und am Kopf manchmal federbuschartig, daher der Name. Solche Plumes sind die Ursachen für die Hot Spots.

Porphyre sind vulkanische Gesteine, die größere Kristalle in einer feinkristallinen Grundmasse enthalten.

Priele sind Rinnen im Wattenmeer, die durch Gezeitenströme verursacht werden.

Proterozoikum ist der jüngere Teil des Präkambriums (2500–545 Millionen Jahre).

Protoplasma ist die lebende Substanz in den Zellen aller Organismen.

Psilophyten sind primitive Pflanzen des Erdaltertums mit winzigen Anhängen anstelle der Blätter (Nacktpflanzen).

Radiolarien sind marine, millimetergroße Mikroorganismen, die fast immer kugelige oder mützenförmige Gehäuse aus Opal bauen.

Schelf ist der Flachmeerbereich am Rand der Kontinente mit Wassertiefen bis 200 m.

Stromatoporen sind schwammähnliche Organismen mit kalkigen Gerüsten, die vor allem im Silur und Devon Riffe mit aufgebaut haben.

Subduktion (-szone): Der Begriff leitet sich vom lat. *subducere* = Hinabziehen ab. An der Grenze zwischen ozeanischer und kontinentaler Lithosphäre taucht die schwerere ozeanische Kruste mit den auflagernden Meeressedimenten auf einer schrägen Bahn unter die kontinentale Kruste ab. Dabei kommt es wegen der Reibung der starren Gesteine häufig zu Erdbeben. Bei sehr tiefer Versenkung werden Gesteine aufgeschmolzen, was auch Vulkanismus verursacht. Subduktionszonen umrahmen z. B. den gesamten Pazifik.

Tethys ist ein nach der Gemahlin des Oceanos benanntes Meer, das sich in Ost-West-Richtung am Nordrand des ehemaligen Gondwanalandes von Indonesien über Kleinasien bis nach Südeuropa erstreckt hatte. Daraus sind später Gebirge wie der Himalaya, Hindukusch oder die Alpen entstanden. Das heutige Mittelmeer ist ein Rest dieses Tethysmeers.

Toteiskessel sind von Gletschern oder Inlandeis abgetrennte, kleinere schuttbedeckte Eismassen, bei deren Abschmelzen verhältnismäßig tiefe Hohlformen entstehen, die von Seen ausgefüllt werden.

Trilobiten sind „Dreilapperkrebse", die primitivste Klasse der Gliederfüßer.

Variskische Gebirgsbildung ist die Gebirgsbildung während der Karbonzeit, in der die meisten unserer Mittelgebirge entstanden. Der Name kommt vom römischen *curia variscorum* = Hof in Bayern.

Vendium ist das jüngste System innerhalb des Proterozoikums (630–545 Millionen Jahre).

Vendobionten sind bezüglich ihrer Stellung im biologischen System bisher nicht festgelegte Organismen des jüngsten Präkambriums, die Tiere oder Pflanzen sein könnten.

Vulkanite sind durch Vulkanismus entstandene Gesteine wie Laven, Tuffe und Gänge.

BILDNACHWEIS

(nach Seitenzahlen)

Die Fossilienzeichnungen (S. 29, 31, 33, 34, 37, 39, 52, 53, 54, 56, 66) wurden übernommen aus E. Kayser, „Lehrbuch der Geologie", Bd. III (1923) und Bd. IV (1924).

S. 3: Wolfram Schwieder; S. 7: nach: Rothe, „Die Erde", S. 10: nach Rothe, „Die Erde"; S. 12: Arndt von Tucher; S. 13: H. L. James; S. 14: nach Rothe „Erdgeschichte"; S. 15: nach Rothe, „Die Erde"; S. 16: Jörg Eckert; S. 17: Bernhard Edmaier; S. 18: Streif 2001, nach: Rothe, „Die Geologie Deutschlands"; S. 19: Georg Irion/Senckenberg-Institut Wilhelmshaven, S. 22: Roman Koch; S. 24: nach: Rothe, „Die Erde"; S. 25: Adolf Seilacher; S. 30: Peter Sheldon; S. 32: D. Brandt (Halle / Saale / UFPS der Martin-Luther-Universität); S. 35: Michael Hambray; S. 36: nach: Rothe, „Erdgeschichte"; S. 38: imagebroker/Okapia; S. 39 unten: NAS/Okapia (Tom McHugh); S. 41: nach: Müller, „Lehrbuch der Paläozoologie"; S. 43: nach: Rothe, „Die Erde"; S. 44: nach: Rothe „Die Erde"; S. 45: Klaus Rittner; S. 46: nach: Rothe, „Die Erde"; S. 47: nach: Rothe, „Die Erde"; S. 48/49: OSF / Okapia (Enrique R. Aguirre Aves); S. 50: Okapia (Stephen J. Krasemann); S. 53: nach: Rothe, „Die Erde"; S. 55: NAS/Okapia (Tom McHugh); S. 57: Richard Höfling; S. 58/59: imagebroker / Okapia; S. 60/61: Chase Studio / NAS / Okapia; S. 62: Urweltmuseum Hauff, Holzmaden; S. 64: nach: Palmer, „Vier Milliarden Jahre. Die Geschichte des Lebens auf der Erde"; S. 65: John Reader/Science Photo Library; S. 67: Helga Veith; S. 68/69: Naturkundemuseum Berlin; S. 73: Hessisches Landesmuseum Darmstadt; S. 75: Christa Behnke (Hessisches Landesmuseum Darmstadt); S. 76: Okapia (Manfred Pforr); S. 77: nach: Rothe, „Die Erde"; S. 78/79: imagebroker/Okapia; S. 81: Klaus Rittner; S. 82, 83: Wilfried Rosendahl; S. 84: Okapia (Werner Otto); S. 85: imagebroker/Okapia; S. 86: Wilfried Rosendahl; S. 88: Schädelfotos: Wilfried Rosendahl, Steinwerkzeugfotos: Rothe; S. 91: Rothe; S. 92: nach: Rothe, „Die Erde"; S. 93: Fotolia (Dan Marsh)

ZUM AUTOR

Peter Rothe, geb. 1936, em. Professor für Geologie der Universität Mannheim, arbeitet an den Reiss-Engelhorn-Museen in Mannheim. Er ist der Herausgeber der Reihe „Sammlung geologischer Führer". Zahlreiche Buchpublikationen; bei Primus ist von ihm erschienen: *Die Geologie Deutschlands* (^{3}2010), *Erdgeschichte* (^{2}2009), *Die Erde* (^{2}2009), *Gesteine* (^{3}2010).